MIX
Papier aus verantwortungsvollen Quellen
Paper from responsible sources
FSC® C105338
FSC
www.fsc.org

Daniel Dittrich

Proteine im Phloem

Eine phytopathologische Untersuchung

Bachelor + Master
Publishing

Dittrich, Daniel: Proteine im Phloem: Eine phytopathologische Untersuchung, Hamburg, Bachelor + Master Publishing 2013
Originaltitel der Abschlussarbeit: Physiologische Änderungen durch mikrobielle Elicitoren im Phloem höherer Pflanzen: Eine phytopathologische Untersuchung

Buch-ISBN: 978-3-95549-465-0
PDF-eBook-ISBN: 978-3-95549-965-5
Druck/Herstellung: Bachelor + Master Publishing, Hamburg, 2013
Covermotiv: © Kobes - Fotolia.com
Zugl. Justus-Liebig-Universität Gießen, Gießen, Deutschland, Bachelorarbeit, August 2013

Bibliografische Information der Deutschen Nationalbibliothek:
Die Deutsche Nationalbibliothek verzeichnet diese Publikation in der Deutschen Nationalbibliografie; detaillierte bibliografische Daten sind im Internet über http://dnb.d-nb.de abrufbar.

Hermannstal 119k, 22119 Hamburg
http://www.diplomica-verlag.de, Hamburg 2013
Printed in Germany

Inhaltsverzeichnis

1 Verzeichnisse

1.1 Abbildungsverzeichnis

1.2 Tabellenverzeichnis

1.3 Abkürzungsverzeichnis

µl	Mikroliter
µM	Mikromolar
Abb.	Abbildung
ATP	Adenosintriphosphat
AVR-Gene	Avirulenz-Gene
CC	Geleitzellen
CF	Carboxyfluorescein
cm	Zentimeter
EPW	Electropotential Wave
ER	Endoplasmatisches Retikulum
ET	Ethylen
ETI	Effector-Triggered-Immunity
FLS 2	Flagellin-Sensing-2-Rezeptor
h	Stunde
HR	Hypersensitivitätsreaktion (Hypersensitive Response)
IFZ	Interdisziplinäres Forschungszentrum in Gießen
ISR	Induced Systemic Resistance
JA	Jasmonsäure
kDa	Kilodalton
KLSM	Konfokal Laser Scanner Mikroskop
M	Marker
mA	Milliampere
MAMP	Molecular-associated-molecular-pattern
ml	Milliliter
mM	Millimolar
mW	Milliwatt
nm	Nanometer
PAMP	Pathogen-associated-molecular-pattern
pH	Potentia Hydrogenii
PM	Plasmamembran
PPU	Pore-Plasmodesmos-Units
PR-Protein	Pathogenesis Related-Protein

PRR	Pattern-Recognition-Receptors
PTI	(PAMP) Pattern-Triggered-Immunity
R-Gene	Resistenz-Gene
RNA	Ribonukleinsäure
ROI	Region of Interest
ROS	Reaktive Sauerstoffspezies
SA	Salicylsäure
SAR	Systemic Acquired Resistance
SE	Siebelemente
SEO	Sieve Element Occlusion
t	Zeit
TLR 5	Toll-Like-Rezeptor
V	Volt

1.4 Formelverzeichnis

APS	Ammoniumpersulfat
Ca^{2+}	Calciumkation
$CaCl_2$	Calciumchlorid
CFDA	5-(6) carboxyfluorescein diacetate
CMEDA	5-chlormethyleosin-diacetate
CMFDA	5-chlormethylfluorescein-diacetate
EtOH	Ethanol
flg22	Flagellin
glc8	Chitin
H^+	Wasserstoffkation
H_2O	Wasser
KCL	Kaliumchlorid
$MgCl_2$	Magnesiumchlorid
NADP	Nicotinsäureamid-Adenin-Dinukleotid-Phosphat
NaOH	Natriumhydroxid
Temed	Tetramethylethylendiamin
Tris	Tris (hydroxymethyl)-aminomethan

2 Zusammenfassung

Durch ihre sessile Lebensweise sind Pflanzen dauerhaft einer Vielzahl an Mikroorganismen ausgesetzt. Der Angriff von Phytopathogenen führt dabei zu einem Verlust der Qualität und Veränderung der Physiologie der Pflanze. Durch den reversiblen Verschluss der Siebelemente (Sieve Element Occlusion, SEO) haben höhere Pflanzen einen Schutzmechanismus entwickelt, um eine Verbreitung der Mikroorganismen oder entstehender Toxine, durch eine Unterbrechung des Massenstroms, zu unterbinden. Zudem können lokal, durch den Verschluss der Siebelemente verschiedene Stoffe im Phloem der betroffenen Region akkumulieren, um dann nach Öffnung der Siebelemente systemisch als Signalstoffe zu dienen. Aus diesem Grund wird vermutet, dass der Stopp des Massenstroms, der eine weitere Ausdehnung der durch das Pathogen verursachten Schäden verhindert, innerhalb der pflanzlichen Immunantwort einzuordnen ist.

Die vorliegende Arbeit beschäftigt sich daher mit Schutzmechanismen die im Leitsystem des Phloems nach Applikation von mikrobiellen Elicitoren, so genannten Microbe-associated-molecular-patterns (MAMPs), zu finden sind. Konkret wurde ein potenzieller proteinvermittelter Siebelementverschluss der Versuchspflanzen *Vicia faba* und *Cucurbita maxima* nach flg22 (Flagellin) und glc8 (Chitin) Applikation untersucht.

Im Phloem von *Vicia faba*, welche zur Familie der *Fabaceae* (Schmetterlingsblütler) zählen, existieren große spindelförmige Proteine, die bei einer Verletzung der Pflanze dispergieren. Diese Dispersion führt zu einem Verschluss der Siebelemente. Die phloemspezifischen Proteine in den *Fabaceae* heißen Forisome und beteiligen sich aktiv am Schutz der Pflanze (van Bel, A. J. E. et al. 2003). Das Ziel der Experimente an *Vicia faba* bestand darin, eine Reaktion der Forisome auf glc8 und flg22 zu überprüfen. Ebenfalls sollte ein Zusammenhang zwischen Lage und Position der Forisome im Siebelemente und der Reaktivität dokumentiert werden.

Als weitere Versuchspflanze diente *Cucurbita maxima* aus der Familie der *Cucurbitaceae.* Im Phloem dieser Pflanzen kommen ebenfalls phloemspezifischen Proteine vor, PP1 und PP2, die an einem Verschluss der Siebelemente beteiligt sind. Ziel der Experimente mit *Cucurbita maxima* war es, eine flg22 vermittelte Veränderung der Konzentration dieser Proteine im Phloemsaft zu untersuchen.

Die gewonnenen Ergebnisse zeigen, dass in Anwesenheit von flg22 die Forisome in *Vicia faba* mit einer Ca^{2+}-abhängigen und reversiblen Konformationsänderung reagieren. Was die Schlussfolgerung zulässt, dass die flg22 Appliaktion einen gezielten Siebelementverschluss ausgelöst hat. Auch weisen die Ergebnisse der Untersuchung zu Lage und Position der Forisome im Siebelement darauf hin, dass die Mehrheit der Forisome in „basipetaler Position" mit Kontakt zur Siebplatte und Plasmamembran auf eine Reizapplikation reagierten. Die Ergebnisse von *Vicia faba* zeigen somit, dass die Erkenntnisse von Furch, A. C. U. et al. (2009) auch auf biotische Reize zu übertragen sind. Hingegen bei den Untersuchungen mit glc8-Applikation auf das intakte Phloem konnten keine Reaktionen der Forisome beobachtet und daher die Ergebnisse von Gaupels, F. et al. (2008) nicht bestätigt werden.

Die Ergebnisse der Untersuchungen an *Cucurbita maxima* zeigten, in Reaktion auf das bakterielle flg22, dass eine zeitlich bedingte Abnahme der Proteine PP1/PP2 erkennbar waren. Diese Beobachtungen lassen den Schluss zu, dass die Proteine agglutiniert sind und ebenfalls aktiv am Verschluss der Siebelemente beteiligt sind. Somit konnten auch hier die Erkenntnisse von Furch, A. C. U. et al. (2010) auf einen biotische Reiz übertragen werden.

Zusammenfassend konnte bewiesen werde, dass Pflanzen auf Applikation von bakteriellen Elicitoren mit proteinvermitteltem Siebelementverschluss reagieren und das dieser Verschluss Teil der pflanzlichen Immunantwort ist.

Um jedoch Aussagen über komplexe Zusammenhänge und Gründe dieser Reaktion des Phloems treffen zu können, sind noch weiter Untersuchungen und Wiederholungen nötig.

3 Einleitung

Pflanzen sind eine der wichtigsten Grundlagen für die Existenz von Leben auf unserer Erde. Ihnen werden zwei bedeutende Funktionen zugeschrieben. Erstens sind Pflanzen der elementare Baustein der Vegetationsdecke und stellen eine Nahrungsquelle für Tiere, Pilze und Mikroben dar. Zweitens dienen sie als Nutzpflanzen der menschlichen Ernährung. Aus diesem Grund ist der Mensch abhängig von einer ertragreichen Pflanzenproduktion. Vor allem nimmt diese Abhängigkeit angesichts der globalen Bevölkerungsentwicklung zu, da die Landwirtschaft zwangsläufig weiter intensiviert werden muss. Des Weiteren ist das heutige Wissen über die Nutzpflanzenproduktion noch sehr gering und es bestehen erhebliche internationale Unterschiede im Anbau der Kulturen. Durch diese Problematik entstehen Hungersnöte in vielen Entwicklungsländern, während potenzielle Erträge meist nicht erreicht werden können. Diese Umstände verdeutlichen, dass Forschung und Entwicklung für die pflanzliche Erzeugung essenziell sind.

Pflanzen sind konstant abiotischen und biotischen Stressbedingungen ausgesetzt, weshalb sie sich in ihrer Entwicklung diverse Abwehrmechanismen angeeignet haben (Hallmann, J. et al. 2007). Diese Abwehrmechanismen entstehen zum größten Teil durch die Interaktion zwischen Pflanzen und Pathogenen. Die Pflanze schützt sich vor Bakterien, Viren und Pilzen durch strukturelle, biochemische oder chemische Mechanismen. Als Reaktion darauf entwickelten sich bei den Pflanzenpathogenen mit der Zeit mehrere Formen der Besiedlung und Penetration in die Pflanze. Insbesondere die Blätter und Wurzeln stehen im engen Kontakt mit Pathogenen, da hier natürliche Öffnungen (Stomata, Lentizellen, Nektarien) und Wunden vorhanden sind (Buchanan, B. et al. 2000).

3.1 Pflanzliche Abwehrmechanismen

Die Pflanze besitzt spezifische Abwehrstoffe, die sie gegen Schaderreger einsetzt. Manche Abwehrstoffe können schon vor der Besiedlung in der Pflanze vorhanden sein (präinfektionell), andere wiederum durch einen Angriff aktiviert werden (postinfektionell). Präinfektionelle Barrieren sind zum Beispiel die Kutikula, die Zellwand und abschreckende Stoffe (Toxine), welche die Pflanze vor einem Befall beschützen. Bei den postinfektionellen Barrieren gibt es Papillen, PR-Proteine und Phytoalexine, die durch den Angriff von Pathogenen ausgelöst werden. Für diese Gruppe der Abwehrstoffe, die aktiviert und induziert werden, benötigt die Pflanze bestimmte Erkennungsmechanismen. In diesem Fall sind es so genannte Elicitoren, die durch den Schaderreger, wie Pilze, Oomyzeten und Bakterien abgegeben werden (Hallmann, J. et al. 2007).

3.1.1 Elicitoren

Pathogene setzen z. B. Toxine, Peptide oder Fettsäuren frei, welche die Pflanze mithilfe von Rezeptoren erkennen kann. Durch das Binden dieser Elicitoren an spezifische Rezeptoren werden Signalkaskaden ausgelöst, die der Abwehr der Pflanze dienen. Diese Substanzen können eine Hypersensitivitätsreaktion (HR) auslösen, wodurch ein Zelltod der infizierten Zelle stattfindet. Bei diesem Mechanismus soll die Verbreitung des Pathogens unterbunden werden. Die Hypersensitivitätsreaktion aktiviert ebenfalls weitere Signale wie z. B. Salicylsäure oder induziert PR-Proteine (Chitinasen, Proteasen) (Hallmann, J. et al. 2007). Es existieren generelle und spezifische Elicitoren. Bei Ersteren spricht man von Microbe-associated-molecular-patterns (MAMPs), die durch spezifische Oberflächenstrukturen des Pathogens mithilfe von Pattern-Recognition-Receptors (PRRs) von der Pflanze erkannt werden (Nürnberger, T. et al. 2002).

3.1.2 Microbe-associated-molecular-patterns (MAMPs)

Durch die Erkennung von MAMPs werden in der Pflanze Signalkaskaden ausgelöst. Es existieren verschiedene MAMPs, wie zum Beispiel Harpine oder Flagellin von *Pseudomonas syringae*, die bakterielle Proteine darstellen. In den Zellwänden von Pilze kommt das Polysaccharid Chitin vor, das ebenfalls eine Pflanzenabwehr hervorrufen kann. Aber auch bei den Oomyceten sind MAMPs vorhanden, vor allem in den Gattungen *Phytophtora* und *Pythim,* gibt es verschiedene Abwehr auslösende Zellwandproteine (Nürnberger, T. et al. 2002).
Die MAMPs werden durch spezifische Oberflächenstrukturen des Pathogens mithilfe von PRRs von der Pflanze erkannt (Nürnberger, T. et al. 2002) wodurch in der Pflanze Signalkaskaden – sogenannte Pattern-Triggered-immunity (PTI) – ausgelöst werden.
Einen gut untersuchten Mechanismus der PTI (horizontale Resistenz) stellt die Erkennung des bakteriellen Flagellins (flg22) durch Flagellin-Sensing-2-Rezeptoren (FLS2-Rezeptoren) dar (Boller, T. et al. 2009). Durch die Bindung des flg22 an den FLS2-Rezeptor (Gómez-Gómez, L. et al. 2001) bildet dieser einen Komplex mit einer Brassinosteroid-Insensitive 1-Associated

Kinase 1 (BAK1). Dieser aktivierte Komplex löst unter anderem einen lokalen Anstieg von Ca^{2+} im Cytosol aus (Blume, B. et al. 2000). Es wird vermutet, dass der Ausbruch von Ca^{2+} ein Aktivator für die Ca^{2+}-abhängige NADPH-Oxidase ist (Ogasawara, M. A. et al. 2008), die für die Entstehung von Reaktive Sauerstoffspezies (ROS) benötigt wird. Diese ROS sind wahrscheinlich Signale, die innerhalb der PTI ablaufen und sowohl lokal als auch systemisch weitere Immunreaktionen auslösen können, um eine weitere Ausbreitung des Erregers zu verhindern (Hallmann, J. et al. 2007).
Als Antwort auf das hochsensible Abwehrsystem der Pflanzen haben viele Pathogene Effektoren entwickelt, die als sogenannte Suppressoren die Immunantwort der Pflanze unterdrücken, sodass sie die Besiedlung durch einen Pathogen nicht „bemerkt". Im Unterschied zur PTI beschreibt die Effector-Triggered-Immunity (ETI) eine direkte oder indirekte Interaktion des Pathogens mit der Pflanze. Damit ein Pathogen die PTI unterdrücken kann, benötigt es Effektoren oder Toxine (Schwessinger, B. et al. 2008), mittels derer es die natürlichen Barrieren der Pflanze überwinden kann. Jedoch entwickelten die Pflanzen diverse Resistenzen gegen einige Effektoren. Diese Art der vertikalen Resistenz baut auf der Gen-für-Gen-Hypothese auf. Diese Theorie besagt, dass die Pflanze mehrere Resistenz-Gene (R-Gene) hat, zu denen es passende, komplementäre Avirulenz-Gene (AVR-Gene) im Pathogen gibt. Aus dieser Interaktion entsteht eine Hypersensitivitätsreaktion (HR), die zu einem rapiden lokalen Zelltod führt (Boller, T. et al. 2009).

Neben dieser lokalen Reaktion der Pflanze ist auch eine systemische Ausbreitung von Signalen möglich. Diese Signale bewirken, dass bei einem Befall mit einem Pathogen auch an den nicht befallenen Stellen Resistenzen entstehen (systemisch erworbene Resistenz). Die systemischen Signale sorgen dafür, dass die Pflanze in Alarmbereitschaft versetzt wird. Eine wichtige Rolle spielen hierbei Jasmonsäure, Ethylen und Salicylsäure (Pieterse, C. M. J. et al. 2009). Als Folge der systemischen Resistenz wird die Pflanze sensibilisiert und kann bei einem erneuten Angriff von Pathogenen schneller reagieren (Hallman, J. et al. 2007).
Damit die Pflanzen auf Angriffe zeitnah reagieren können, muss eine Koordination zwischen verschiedenen Pflanzenteilen, zum Teil über große Strecken, gewährleistet sein. Um eine solche Kommunikation zwischen Wurzel und Spross zu ermöglichen, entstand im Laufe der Evolution das Vaskularsystem, dass aus zwei Leitbahnen besteht. Diese Leitbahnen werden Xylem und Phloem genannt. Beide Leitsysteme dienen zudem als Verteiler von Assimilaten und Wasser in der Pflanze. Das Xylem ist aus toten Zellen (Tracheen, Tracheiden) aufgebaut und die Xylemelemente gehören zum Apoplasten. Das Phloem hingegen besteht aus lebendi-

gen Zellen (Siebelemente, Geleitzellen) und die Phloemzellen werden dem Symplasten zugeordnet. Durch die Möglichkeit Phytohormone transportieren zu können, ermöglichen sowohl Xylem als auch Phloem eine Signalkette zwischen Wurzel, Spross und Blättern (Schubert, S. 2006). Im Phloem werden aber nicht nur Phytohormone und Photoassimilate transportiert, sondern auch essenzielle Stoffe, vor allem stickstoffhaltige Verbindungen (Aminosäuren, Amide, Nukleotide), organische Säuren (Fettsäuren), anorganische Ionen, Proteine, Fette und RNAs (van Bel, A. J. E. et al. 2003). Diese essenziellen Stoffe sind wichtig für die Entwicklung der Pflanze und dienen ebenfalls als Informations- oder Signalmoleküle (Ruiz-Medrano, R. et al. 2001). Damit nimmt das Phloem im Überleben der Pflanze eine besondere Stellung ein.

3.2 Das Phloem

Das Leitgewebe Phloem besteht aus Siebelementen (SE) und Geleitzellen (CC), die sich aus einer gemeinsamen Mutterzelle differenziert haben. Die Siebelemente bilden Siebröhren, die durch Siebplatten (SP) verbunden sind. Durch teilweise Auflösung der Zellwände befinden sich in den Siebplatten diverse Siebporen. Diese Siebporen ermöglichen mit einem Durchmesser von ca. 1 µm, einen kontinuierlichen Massenstrom, der den Transport von Substanzen von Zelle zu Zelle und so in der gesamten Pflanze ermöglicht.
Am Ende der Ontogenese weisen die Geleitzellen (CC) ein dichtes, hochaktives Cytoplasma mit einem vergrößerten Kern und zahlreichen Mitochondrien auf. Jedoch erfahren die Zellen des Siebelements (SE) einen anderen Prozess, der als programmierter Zell-Halbtod bezeichnet wird. Bei diesem Prozess zerfällt der Kern, die Vakuolenmembran und das Cytoskelett bilden sich zurück und Ribosome, Golgi-Apparat und Mitochondrien werden reduziert. Nach dieser Entwicklung bleiben die Plasmamembran und eine dünne randständige Cytoplasmaschicht, das Endoplasmatische Retikulum (ER) sowie phloemspezifische Plastiden und P-Proteine übrig (van Bel, A. J. E. et al. 2003). Durch diese Reduktion haben die Siebelemente die Fähigkeit verloren eigenständig für ihren Erhalt zu sorgen. Diese Aufgabe wird daher von den Geleitzellen übernommen, wodurch die Siebelemente und die Geleitzellen einen gemeinsamen Komplex (SE/CC) eingehen, der über Plasmodesmen verknüpft ist (Schubert, S. 2006).

3.2.1 Nährstofftransport im Phloem

Zwischen dem Xylem und dem Phloem herrschen zwei unabhängige Mechanismen der Nährstoffverlagerung, obwohl beide Transportwege parallel verlaufen. Die Verlagerung im Xylem ist einseitig und verläuft akropetal. Im Phloem existiert hingegen ein selektiver und auch energieabhängiger basipetaler Transport (Buchanan, B. et al. 2000).
Dabei herrschen im Phloemsaft verschiedene Zusammensetzungen von Inhaltsstoffen. Die höchsten Konzentrationen sind vor allem bei Saccharose, Aminosäuren und Kalium. Niedrige Konzentrationen sind bei Bor, Calcium und Ammonium vorhanden. Durch diese niedrigen Konzentrationen kann es oft zu physiologischen Mangelkrankheiten kommen. Daher können Krankheiten wie Spitzendürre, Fruchtendfäule und Stippigkeit auftreten (Schubert, S. 2006).
Erklärt wird der Langstreckentransport im Phloem durch die Druckstromtheorie nach Münch E. (1930). Diese besagt, dass der Fluss der Stoffe auf der Differenz des osmotischen Drucks zwischen den verschiedenen Bereichen des Phloems beruht, wodurch Nährstoffe von „source" zu „sink" verlagert werden. Das „source" dient hierbei der Aufnahme von Photoassimilaten und Phytohormonen (Beladungsphloem) und das „sink" hat die Aufgabe, diese aufgenommenen Assimilate oder Phytohormone abzugeben (Entladungsphloem). Die Sinkaktivität ist hierbei der bestimmende Faktor über den Ort der Entladung im Phloem. Durch dieses Phänomen können Nährstoffe in der Wurzel sowie im Spross verteilt werden (van Bel, A. J. E. et al. 2003). Die Theorie des isolierten Massenstroms wird seit langer Zeit als Ursache für die Nährstoffverlagerung gesehen. Jedoch wird bei diesem Mechanismus nicht berücksichtigt, dass die Siebröhren durchlässige, schlecht isolierte Einheiten sind. Wegen dieser Eigenschaft können Makro- und Mikromoleküle entlang des Phloems aufgenommen und abgegeben werden. Dieses Konzept führt dazu, dass ein dauerhafter Austausch von Molekülen zwischen Siebelementen und angrenzenden Zellen entsteht (van Bel, A. J. E. et al. 2011).
Aufgrund dieser Abgabe- und Aufnahmetransporte (release/retrival) im Phloem können Mikromoleküle zwischen den Siebelement/Geleitzellen (SE/CC) Komplexen und Parenchymzellen unter source-begrenzenden Bedingungen übertragen werden („apoplasmatic hopping"). Es wird vermutet, dass auch Makromoleküle zwischen Siebelementen und Geleitzellen verteilt werden, durch ein „symplasmatic hopping". Im Gegensatz zu den Mikromolekülen werden Makromoleküle durch Pore-Plasmodesmos-Units (PPU) reguliert. Das „molecular hopping" bietet eine flexiblere Verteilung von Molekülen in der Pflanze als der Massenstrom. Durch das „symplasmatic hopping" wird die Verlagerung von Makromolekülen in der ganzen Pflanze dynamischer und mobiler. Ebenfalls könnte dieser Mechanismus eine große Bedeu-

tung für die systemische Signalübertragung im Phloem darstellen, womit auch Phytohormone transportiert werden könnten (van Bel A. J. E. et al. 2011).

3.3 Verschluss der Siebelemente

Durch den großen Druck im Phloem und die Verkettung der Siebelemente hätte bereits eine kleine Verletzung der Siebelemente zur Folge, dass Phloemsaft und somit wertvolle Energie und Bausteine in großem Maße austreten könnten. Zudem könnten Mikroorganismen und entstehende Toxine sich ungehindert in der gesamten Pflanze ausbreiten. Jedoch hat die Pflanze verschiedene Schutz- und Verteidigungsmechanismen entwickelt, einen Verlust des essenziellen Phloemsafts und eine Verbreitung von Pathogenen zu verhindern. So ist die Pflanze in der Lage durch vorsorglich synthetisierte Substanzen, wie phloemspezifische Proteine (P-Proteine) und anderen rasch synthetisierte Stoffe, wie Callose, die Siebelemente bei einem Befall vorrübergehend zu verschließen (van Bel, et al. 2003).
Durch diesen Verschluss schützen sich Siebelemente lokal und können zudem systemisch den weiterer Transport des Pathogens und/oder der entstehenden Toxine stoppen. Einzuordnen ist der Verschluss der Siebelemente wahrscheinlich als ein Signal innerhalb der Immunreaktion der Pflanze. Dafür spricht der Einfluss von Ca^{2+} und reaktiven Sauerstoffspezies (ROS) beim Verschluss der Siebelemente. Diese Moleküle sind nachweislich an der Immunreaktion der Pflanze auf Pathogenbefall beteiligt (Gaupels, F. et al. 2008).

3.3.1 P-Proteine in den Siebelementen

Bei einer Verletzung des Phloems werden P-Proteine vom Phloemstrom mitgerissen, wodurch die Proteine die Siebplatten verstopfen. Durch die Verstopfung werden die darauffolgenden Siebelemente vor zu großem Turgordruck beschützt, sowie ein zu großer Phloemsaftverlust verhindert. Weiterhin entsteht eine Barriere für potenzielle Phytopathogene und ihre Toxine.
Der Phloemsaft enthält eine große Vielfalt an Proteinen, die als Sieve Tube Exudate Proteins (STEPs) bezeichnet werden. Es existieren ungefähr 100 bis 200 Proteine im Phloem. Einige Proteine zirkulieren zwischen den Siebelementen und den Geleitzellen und werden in den Geleitzellen synthetisiert. Zu den STEPs gehören auch Teile von Strukturproteinen. Eine wichtige Gruppe sind die im Phloem mobil verlagerten Phloem-Proteine (P-Proteine) (Buchanan, B. et al. 2000). Je nach Art und Entwicklungsstadium gibt es unterschiedliche Zusammensetzungen und Strukturen von P-Proteinen, wie granuläre, filamentöse, fibrilläre,

kristalline oder tubuläre Proteine (Sabnis, D. D. et al. 1979; Dannenhoffer, J. M. et al. 1997). Die am besten erforschten P-Proteine sind Phloem-Protein 1 (PP1) und Phloem-Protein 2 (PP2) in *Cucurbita maxima*. Beide PPs werden in den Geleitzellen synthetisiert und im Siebelement mithilfe von Pore-Plasmodesmos-Units (PPU) transportiert (Knoblauch, M. et al. 2008). Eine weitere besondere Form der P-Proteine sind die sogenannten Forisome. Diese kristallinen, spindelförmigen Proteine im Phloem der *Fabaceae* sind ebenfalls am Verschluss der Siebelemente (SEO) beteiligt (van Bel, A. J. E. et al. 2003).

3.3.1.1 ***Proteine in Cucurbita maxima (PP1 und PP2)***

Die häufigsten Proteine im Phloemsaft von *Cucurbita maxima* sind PP1 und PP2 (Bostwick D. E. et al. 1992). PP1 ist ein filamentöses Protein, welches je nach pH-Wert unterschiedliche strukturelle Formen annehmen kann. Diese Formen können sich neben ihrer Funktion auch in ihrer Größe unterscheiden, wodurch PP1 von 80 bis 136 kDa groß sein kann (Leineweber K. et al. 2000). PP2 ist ein 47 kDa großes komplexes Lektin (Clark A.M. et al. 2003).
Diese Proteine werden durch Verletzung der Pflanze oder in Gegenwart von Sauerstoffzugabe zu unlöslichen, ausgeflockten Komplexen, die durch Agglutination die Siebröhren verstopfen (Furch, A. C. U. et al. 2010) und somit am Verschluss der Siebplatten beteiligt sind.

3.3.1.2 ***Forisome in Vicia faba***

Eine besondere Form der Phloem-Proteine nehmen die Forisome an. Diese non-dispertiven P-Proteine treten nur innerhalb der Siebelemente der Familie der *Fabaceae* (Schmetterlingsblütengewächse) auf und sind wie andere P-Proteine am Verschluss der Siebelemente beteiligt. Gebildet werden die ca. 28,5 µm langen und ca. 3,1 µm breiten Forisome (Peters W. S. et al. 2006) durch einzelne Untereinheiten, den Forisometten (Tuteja N. et al. 2009). Diese Einheiten werden wiederum aus mindestens drei verschiedenen Proteinen mit einem Molekulargewicht von etwa 70-80 kDa gebildet (Noll G. A. et al. 2006), welche durch die so genannten SEO Gene (Sieve Element Occlusion) kodiert werden (Pélissier H. C. et al. 2008).
Forisome sind die ersten P-Proteine mit bekannten physiologischen Funktionen und stellen eine neue Gruppe von ATP-unabhängigen Proteinen dar (Knoblauch M. et al. 2003). Für die Wissenschaft sind das interessante Eigenschaften, da somit neue Perspektiven in der Biotechnologie ergründet werden können (Peters W. S. et al. 2007). Diese Technik könnte zum

Beispiel Anwendung finden in Biosensoren oder auch in der Luft- und Raumfahrt (Shen A. Q. et al. 2005).

Besonders ist an diesen Proteinen, dass sie rasch auf Calcium (Ca^{2+}) Konzentrationsänderungen in den Siebelementen reagieren und durch reversible Konformationsänderungen den Durchfluss im Phloem kontrollieren (Furch A. C. U. et al. 2007; Pélissier, H. C. et al. 2008). Ein solcher Ca^{2+}-Einstrom kann durch Verletzungen, Befall, Hitze, Kälte, PH-Wert und osmotischen Veränderungen entstehen (Furch A. C. U. et al. 2007; Thorpe, M. et al. 2009; Gaupels F. et al. 2008). Bei dem Prozess der Konformationsänderung wird das lange kristalline, spindelförmige Forisom zu einem eiförmigen, pfropfenartigen Proteinkörper verformt, wodurch eine Verkürzung (von ca. 30 %), aber auch eine Volumenzunahme (von ca. 110 %) des Forisoms entsteht. Betrachtet man den zeitlichen Verlauf der Forisomreaktion, so kann gesagt werden, dass diese im Vergleich zu anderen Verschlussmechanismen, eine sehr frühe Reaktion einnimmt (Furch A. C. U. et al. 2007). So wird bei einem Reiz oder Stresssituation, wie zum Beispiel dem Anbrennen eines Blattes, eine Dispersion bereits 15 bis 45 Sekunden nach Reizapplikation erkennbar. In diesem dispergierten Zustand verstopft das Forisom die Siebplatte und verhindert einen Massenstrom im Phloem. Erst nach ca. 7 bis 15 Minuten rekondensiert das Forisom wieder und gibt den Massenstrom im Phloem frei. Während dieser Rekondensation wiederum tritt Callose in den Siebporen auf und verhindert ihrerseits einen geregelten Massenstrom.

3.3.2 Verschluss der Siebelemente durch Callose

Callose ist ein β-1,3-Glucan-Polymer und entsteht in unterschiedlichen Pflanzengeweben (u.a. Plasmodesmen und Siebplatten im Phloem). Die Ca^{2+}-abhängige Callose-Produktion durch Verletzungen oder Verwundungen der Pflanze führt wie der proteinvermittelte Verschluss zu einem Verschluss der Siebplatte. Betrachtet man hier jedoch den zeitlichen Verlauf der Callose-Bildung, so kann erwähnt werden, dass diese im Vergleich zu anderen Verschlussmechanismen eine sehr späte Reaktion einnimmt (Furch A. C. U. et al. 2007). So erreicht die Bildung von Callose ihr Maximum nach ca. 20 Minuten und degeneriert erst wieder nach etwa 1 bis 2 Stunden (Furch, A. C. U. et al. 2007).

4 Ziel der Arbeit

In der Pflanze existieren verschiedene Arten von Abwehrreaktionen auf biotische Reize. Die systemische Route von Abwehrreaktionen verläuft vermutlich über das Phloem und wird vorwiegend über vorsorglich synthetisierte Substanzen, wie phloemspezifische Proteine (P-Proteine) organisiert. Daher liegt der Schwerpunkt dieser Arbeit in der Untersuchung der proteinvermittelten Verschlussmechanismen im Phloem.

Im Fokus der Arbeit stehen die physiologischen Veränderungen der Forisome in *Vicia faba* nach MAMP-Applikation. Ziel dieser Methode war es, eine Reaktion der Forisome auf MAMPs zu generieren und somit einen Beweis für eine Abwehrantwort der Pflanze zu erhalten. Durch die Versuche sollte gezeigt werden, das Forisome ebenfalls eine Reaktion der Pattern-Triggerd-Immunity (PTI) sind. Des Weiteren sollten auch die Phloem-Proteine PP1 und PP2 von *Cucurbita maxima* auf eine MAMP-Reaktion überprüft werden, die eine Abwehrreaktion der Pflanze auf MAMP-Applikation beweisen würde.

Mit Hilfe dieser Untersuchungen sollte der Verschluss der Siebplatten identifiziert werden, um somit die Mechanismen des Verschlusses nach Befall zu verstehen.

5 Material

5.1 Pflanzenmaterial

Abb. 1: *Vicia faba* (links) und *Cucurbita maxima* (rechts) –Versuchspflanzen im Gewächshaus des IFZ

Die Untersuchung der Forisome wurde an Pflanzen der Familie der Hülsenfrüchte (*Fabaceae*), hier speziell *Vicia faba*, durchgeführt. Weitere Untersuchungen an den Phloem-Proteinen PP1 und PP2 an *Cucurbita maxima*. Die Pflanzen wurden bei einer Temperatur von 24 °C (Tag) und 18 °C (Nacht), einer Luftfeuchtigkeit von 64 % und einer täglichen Bestrahlung (Philips SONT 2,8 lm/mW) von 16 Stunden im Gewächshaus aufgezogen. Vor Verwendung wurden die Pflanzen auf Parasitenbefall, Blütenbildung und Verletzungen untersucht.

Vicia faba-Pflanzen wurden in Kunststofftöpfen mit ca. 8 cm Durchmesser im Gewächshaus (IFZ) unter oben erwähnten Standardbedingungen kultiviert. Die Pflanzen konnten nach der Aussaat ca. 25 bis 28 Tage wachsen, bevor sie für die Experimente genutzt wurden. Somit waren die Pflanzen bei den Experimenten noch in der vegetativen Phase. Die *Cucurbita maxima*-Pflanzen wurden in größeren Kunststofftöpfen mit ca. 15 cm Durchmesser im Gewächshaus (IFZ) unter oben erwähnten Standardbedingungen kultiviert. Die Pflanzen konnten ca. 28 Tage nach der Aussaat wachsen.

5.2 Lösungen

Die verwendeten Chemikalien wurden, sofern nicht anders vermerkt, von Invitrogen, Merck, Roth und Sigma Aldrich bezogen.

5.2.1 Puffer

Apoplasmatischer Puffer: pH 5,7/NaOH

1 mM $CaCl_2$	2,5 mM MES
2 mM KCL	1 mM $MgCl_2$
50 mM $MgCl_2$	

5.2.2 Farbstoffe

217 µM CFDA

7,8/4,65 µM CMEDA/CMFDA

10 µM DAF-FM

5.2.3 Verbrauchsstoffe

- destilliertes Wasser (H_2O_{dest})
- Ethanol (EtOH)

5.2.4 Microbe-associated-molecular-patterns (MAMPs)

- Flagellin (flg22) 1,25 µM
- N-acetylchitooctaose (glc8) 0,1 µM und 1 µM

5.3 SDS-Page (SDS-Polyacrylamidgelelektrophorese)

Trenngel für 2 Gele (12 %):

4,2 ml Acrylamid
2,5 ml Trennpuffer
3,19 ml H_2O_{dest}
50 µl SDS (10 % w/v)
60 µl APS
7,5 µl Temed

Trenngelpuffer:

1,5 M Tris
pH: 8,8

Sammelgelpuffer:

1 M Tris
pH: 6,8

Sammelgel (4 %):

0,67 ml Acrylamid
1,75 ml Sammelgelpuffer
3,03 H_2O_{dest}
25 µl SDS (10 %)
30 µl APS
3 µl Temed

Laufpuffer (10x):

250 mM Tris
1,9 M Glycerin
1 % SDS

Coomasielösung:

20 ml Methanol
20 ml Roti-Blue
60 ml H_2O_{dest}

Waschlösung:

25 % Methanol (25 ml)

75 ml H_2O_{dest}

5.4 Geräte

5.4.1 Mikroskopie

DMLFS Leica (40-fach Wasserobjektiv)

Konfocal-Laser-Scanner-Mikroskop (KLSM) von Leica (63-fach Wasserobjektiv)

5.4.2 Software

Photoshop CS6 (Adobe)

Excel (Microsoft 2007)

Word (Microsoft 2007)

Power Point (Microsoft 2007)

Adobe Illustrator CS6

ImageJ

5.5 Verbrauchsmittel

doppelseitiges Klebeband

Deckgläser

Objektträger

Papiertücher

Pipettenspitzen

Rasierklingen

Streichhölzer

Fixierband

Alufolie

6 Methoden

6.1 Beobachtung im intakten Gewebe (*in-vivo*-Technik)

Für die Untersuchung der Forisome im Phloem wurden die intakten Versuchspflanzen mithilfe von Rasierklingen präpariert. Hierbei wurde die Hauptader eines älteren Blatts der *Vicia faba*-Pflanzen genutzt. Die ersten Zellschichten wurden vorsichtig abgetragen, um das intakte Phloem zu beobachten. Diese *in-vivo*-Technik von van Bel, A. J. E. und Knoblauch, M. (1998) ermöglicht, Reaktionen von Forisomen im unversehrten Pflanzengewebe zu untersuchen. Die Reaktionen wurden durch Anbrennen der Blattspitze oder durch verschiedene MAMP-Applikationen ausgelöst. Außer den Beobachtungen mittels durchlicht-mikroskopischer Aufnahmen wurden zusätzliche Fluoreszenzfarbstoffe eingesetzt.

6.1.1 Aufbereitung der intakten Versuchspflanzen

Für eine *in-vivo*-Beobachtung des intakten Phloems (Abb. 2 und 3) wurden vorsichtig die darüber liegenden Zellschichten abgetragen. Dabei ist es wichtig, dass die *Vicia faba*-Pflanzen gesund und unverletzt sind, um Verfälschung der Bobachtung durch ungewollte Stressreaktionen zu erhalten. Durch behutsames Schneiden mit Rasierklingen an der Hauptader eines älteren Blatts wurde das Phloem freigesetzt. Der Abstand zwischen dem Sichtfenster und der Blattspitze betrug etwa 3 bis 5 cm. Des Weiteren musste berücksichtigt werden, dass noch mindestens 1 bis 2 Zellschichten über dem Phloem erhalten bleiben, um zu garantieren, dass das Phloem nicht durch einen zu tiefen Schnitt beschädigt wurde. Durch einen Schnitt bis ins Xylem würden auch hier die Beobachtungen der Forisome verfälscht werden. Wenn der Schnitt optimal ist, wird das präparierte Blatt mit der Unterseite mittels doppelseitigen Klebebands auf dem Objektträger fixiert. Um ein Austrocknen des Phloems zu vermeiden, wurde ein apoplasmatischer Puffer auf die Schnittstelle aufgetragen.
Durch ein Mikroskop mit Wasserobjektiv wurde der physiologische Status des Phloems überprüft. Nach einer Ruhephase von ca. 1 bis 2 Stunden konnte die vollständige Funktionsfähigkeit der Forisome gewährleistet werden. Ab diesem Zeitpunkt konnten dann verschiedene MAMPs appliziert und untersucht werden (Furch, A. C. U. et al. 2007).

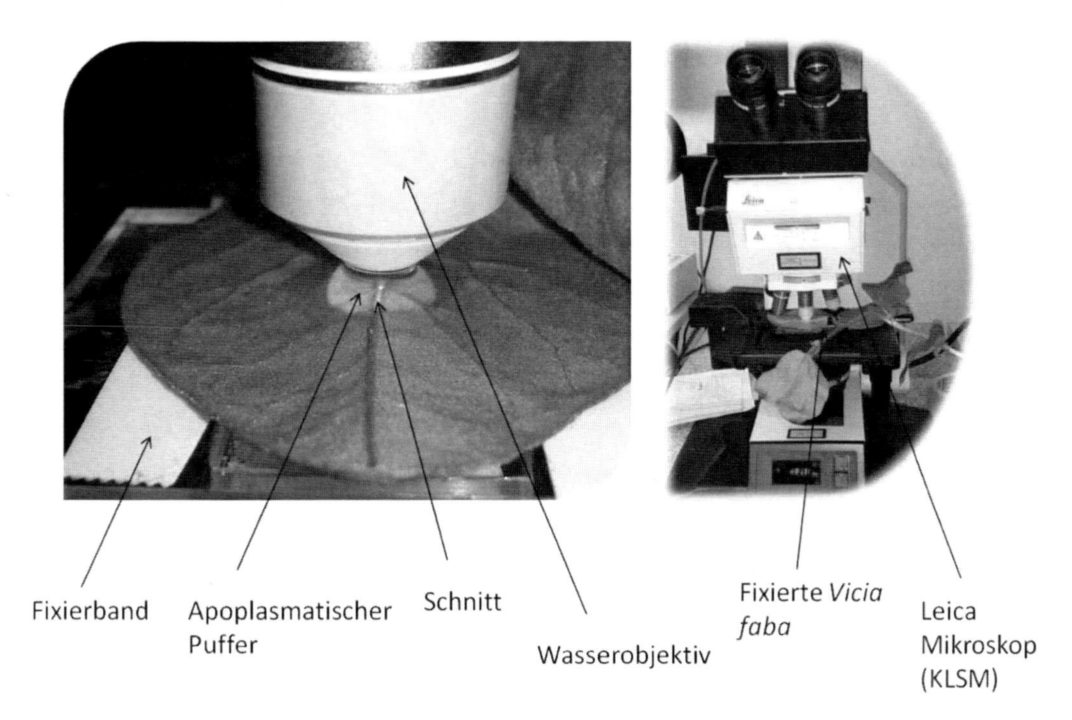

Abb. 2: *in-vivo*-Technik des intakten Phloems

Die linke Abbildung veranschaulicht die *in-vivo*-Technik im intakten Phloem. Die rechte Abbildung zeigt eine fixierte intakte Versuchspflanze und das Mikroskop (KLSM).

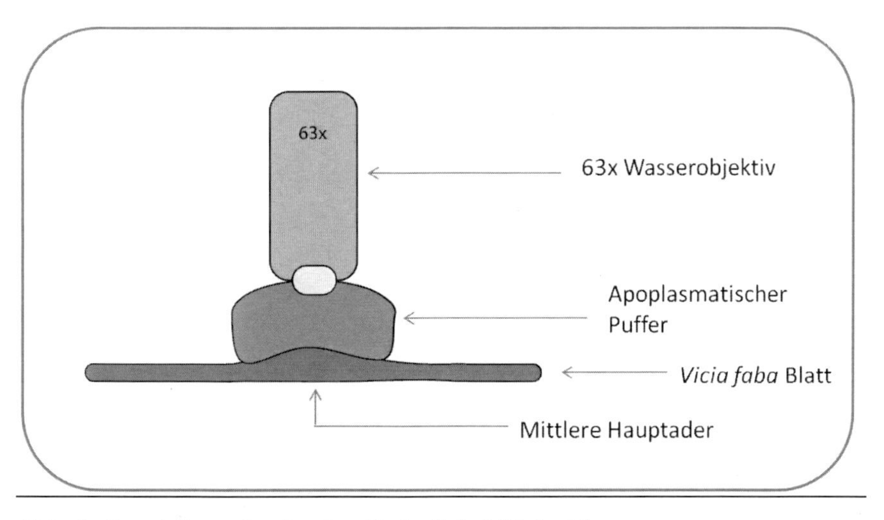

Abb. 3: Darstellung der *in-vivo*-Technik bei *Vicia faba*

Die Abbildung verdeutlicht, mit welcher Technik in der vorliegenden Arbeit gearbeitet wurde. Diese Methode wurde bei den Versuchspflanzen von *Vicia faba* eingesetzt.

6.1.1.1 ***Forisomreaktion durch einen Brennreiz***

Durch das Anbrennen der Blattspitze mittels Streichhölzern (Abb. 4) wurde ein starker Reiz für die Pflanze ausgelöst. Somit konnte eine reversible Dispersion der Forisome beobachtet werden. Hierbei musste gewährleistet sein, dass die Pflanze ca. 1 bis 2 Stunden Ruhephase nach dem Schnitt hatte. Nach dieser Regenerationszeit wurde die Blattspitze angebrannt. Der Abstand zwischen dem Sichtfenster und der Blattspitze betrug ca. 3 bis 5 cm (Furch, A. C. U. et al. 2007). Die Behandlung mit der Flamme an der Blattspitze dauerte etwa 3 Sekunden (Thorpe, M. R. et al. 2009). Die Technik diente dazu, den Schnitt ins Phloem und die Behandlung der Pflanze zu überprüfen. Nach mehrmaliger erfolgreicher Dispersion der Forisome konnte der Brennreitz gegen MAMPs als potenzieller Reizauslöser ausgetauscht werden. Beobachtung der Forisomreaktion erfolgte durch KLSM (Leica) mit einem 63x-Wasserobjektiv und mit einem DMLFS-Mikroskop (Leica) mit 40x-Wasserobjektiv.

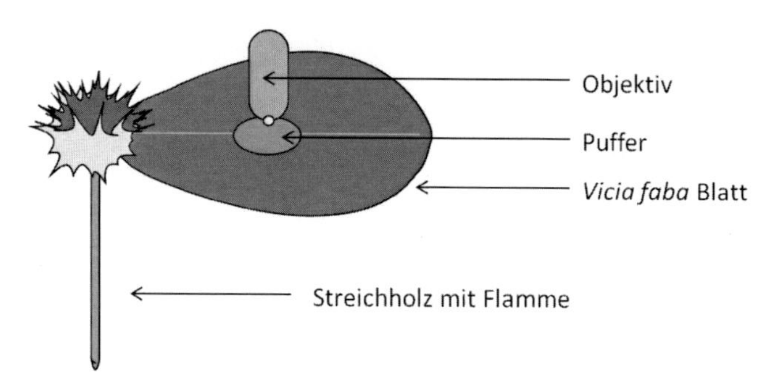

Abb. 4: Brennreiz an *Vicia faba*

> Der Brennreiz mittels Streichhölzern diente der Überprüfung der Funktionsfähigkeit der Forisome. Durch diese Methode sollte der physiologische Status der Pflanze überprüft werden.

6.1.1.2 ***Forisomreaktion durch MAMPs***

Durch die Zugabe von MAMPs auf die Schnittstelle des Blatts wurde eine Forisomreaktion hervorgerufen. Bei dieser Methode wurden Flagellin (flg22) und Chitin (glc8) als potenzielle Auslöser einer Reaktion getestet. Hierzu wurde der zuvor aufgetragene apoplasmatische Puffer, der die Pflanze vor dem Austrocknen schützt und ein Abbild des Zellwandbereiches im

Phloem darstellt, gegen die MAMPs ersetzt. Nach Auffinden von Forisomen im Phloem wurde eine Ruhephase von etwa 1 bis 2 Stunden eingehalten. Erst danach konnten der apoplasmatische Puffer abgetragen und die MAMPs appliziert werden.
Bei flg22 wurden 1,25 µM auf das vorher präparierte Blatt aufgetragen und anschließend wurden die Forisome 15 bis 30 Minuten beobachtet, um eine Konformationsänderung zu untersuchen. Während einer Dispersion der Forisome wurde etwa 1 Stunde gewartet, ob und wann eine Rekondensation der Forisome eintritt. Der gleiche Versuchsablauf wurde auch bei der Untersuchung von glc8 beachtet. Hierbei wurde zuerst die Konzentration von 0,1 µM getestet. Bei einer weiteren Versuchsreihe mit Chitin wurde die Konzentration auf 1 µM erhöht. Beobachtung der Forisomreaktion erfolgte auch hier durch KLSM (Leica) mit einem 63x-Wasserobjektiv und mit einem DMLFS-Mikroskop (Leica) mit 40x-Wasserobjektiv.

6.1.1.3 ***Färbung des Phloems***

Bei einer Einfärbung der Schnitte musste darauf geachtet werden, dass die Konzentration und die Inkubationszeit der einzelnen Fluoreszenzfarbstoffe optimal sind. Ebenfalls unterliegen die Farbstoffe unterschiedlichen Anwendungen.
Die Versuchspflanzen wurden mit 5- und 6-carboxylfluorescein diacetate (CFDA), mit 5-chloromethyleosin diacetate/5-chloromethylfluorscein diacetate (CMEDA/CMFDA) und 4-amino-5-methylamino-2,7-difluorescein (DAF-FM) behandelt. Bevor die Farbstoffe aufgetragen wurden, musste zuerst der Schnitt ins intakte Phloem erfolgen.
Der Farbstoff CFDA wurde über einen zusätzlichen Schnitt mittels Rasierklinge an der Blattspitze beladen. Auf die abgeschnittene Blattspitze wurde der Farbstoff CFDA in akropetaler Richtung aufgetragen. Die Inkubationszeit betrug etwa 60 bis 90 Minuten (Hafke, J. B. et al. 2005). CFDA wird als Marker für die Darstellung des symplasmatischen Transports eingesetzt, da dieser Farbstoff im Phloem mobil verlagert wird. CFDA strömt durch die Plasmamembran in basipetaler Richtung und akkumuliert in den Siebelement/Geleitzellen-Komplexen (SE/CC). Jedoch zeigt sich, dass sich der Farbstoff homogen im Siebelement verlagert, aber in den Geleitzellen stärker und auch gleichzeitig heterogener verteilt wird. Der Farbstoff wird nach ca. 20 bis 30 Minuten etwa 3 cm nach der Applikation basipetal in Richtung des Sichtfensters transportiert. Das eingefärbte Phloem wurde *in vivo* mittels KLSM beobachtet (Knoblauch, M. et al. 1998).
Der Fluoreszenzfarbstoff CMEDA/CMFDA erfährt eine andere Anwendung als CFDA und

wird direkt auf die Schnittstelle aufgetragen. Die Inkubationszeit betrug etwa 30 Minuten. Hierbei musste darauf geachtet werden, dass zuerst der apoplasmatische Puffer von der Schnittstelle entfernt wird. Nach der Inkubationszeit wurde der Farbstoff wieder abgetragen und mit apoplasmatischem Puffer ersetzt. Somit sollte eine Überfärbung der Schnittstelle verhindert werden. Dieser Farbstoff wurde eingesetzt, um die Forisome besser hervorzuheben und eine Reaktion der Forisome besser zu veranschaulichen (Furch, A. C. U. et al. 2007).

Als weiterer Farbstoff wurde DAF-FM eingesetzt. Bei diesem Farbstoff wurde die gleiche Applikation durchgeführt wie bei CMEDA/CMFDA, denn anders als CFDA wird auch DAF-FM direkt auf die Schnittstelle appliziert. Der Farbstoff hatte eine Einwirkzeit von etwa 30 Minuten. Der Farbstoff ist ein Indikator für die Stickoxid-Produktion (NO-Produktion) im Phloem. Ebenfalls fluoresziert der Farbstoff erst dann, wenn es zu einer Reaktion mit NO kommt. Erst mithilfe eines Reizes wird die NO-Produktion ausgelöst (Gaupels, F. et al. 2008).

Nach dem Auftragen der Farbstoffe CFDA, CMEDA/CMFDA oder DAF-FM wurde die Pflanze, wie oben beschrieben, mit flg22 behandelt. Die Zugabe des MAMPs (flg22) erfolgte direkt auf die Schnittstelle. Daraufhin wurde die Konformationsänderung der Forisome und eine Veränderung der Farbstoffintensität im Phloem beobachtet und mittels Leica Konfocal Software aufgenommen.

6.2 Probenentnahme von *Cucurbita maxima*

Die *Cucurbita maxima*-Pflanzen wurden vor der Probenentnahme mit flg22 behandelt, dessen Konzentration 1,25 µM betrug. Hierbei wurden 100 µl flg22 2 cm vom Spreitengrund des Blatts infiltriert. Die Kontrollpflanzen wurden mit 100 µl H_2O auf die gleiche Weise behandelt. Bei der Entnahme des Phloemsafts wurden verschiedene Zeitpunkte eingehalten (t = 10 Minuten bis t = 5 Stunden).

Bei der Probenentnahme (Abb. 5) wurde das zweite Blatt oberhalb der Kotyledone (Petiole) mithilfe einer Rasierklinge abgeschnitten. Nach dem Schnitt wurde mit einem saugfähigen Tuch der erste ausströmende Phloemsaft abgetupft, um potenzielle Verunreinigungen (Zellbestandteile) zu entfernen. Erst nach diesem Schritt wurde der Phloemsaft (1 µl) mit einer Pipette entnommen.

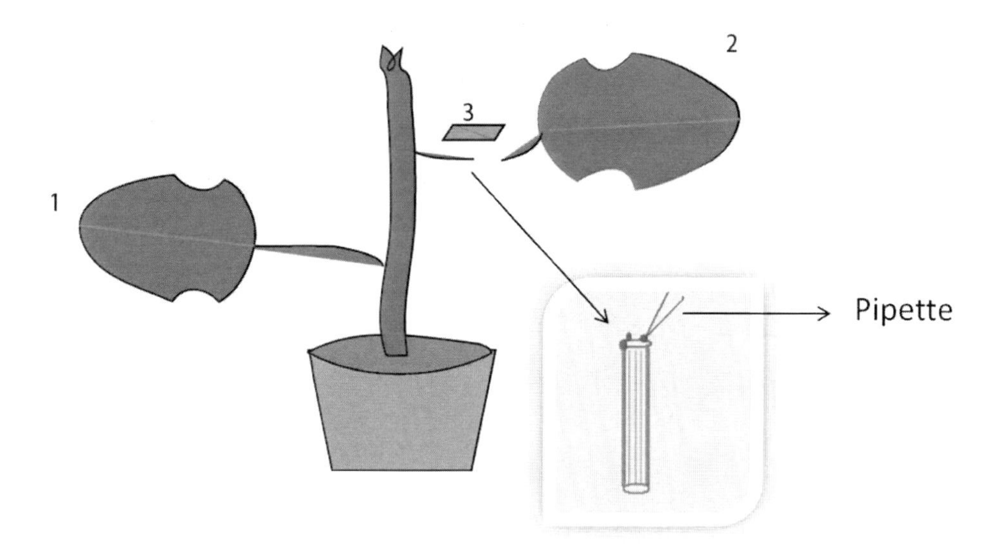

Abb. 5: Phloemsaftentnahme von *Cucurbita maxima*

Die Probenentnahme erfolgte am zweiten Blatt oberhalb der Kotyledone (Petiole) (2). Mithilfe einer Rasierklinge (3) wurde die Petiole durchtrennt. Durch diesen Schnitt bildeten sich an der Schnittstelle Phloemsafttropfen, die mittels Pipette entnommen wurden.

Der Phloemsaft wurde mit einem Probenpuffer im Verhältnis 1:3 vermengt. Diese Proben wurden daraufhin auf Eis gekühlt. Danach wurde der Phloemsaft für eine eindimensionale SDS-Page verwendet (Furch, A. C. U. et al. 2010).

6.2.1 Eindimensionale SDS-Page

Die Probenentnahme vom Phloem wurde mit einer eindimensionalen SDS-Page nach Lämmli (1970) durchgeführt. Bei dieser Methode wurden die Proteine nach ihren unterschiedlichen Molekulargewichten aufgetrennt.

Die Proteine des Phloems wandern zuerst durch ein Sammelgel (4 %) und danach durch ein Trenngel (12 %) in einem MiniProtean-3-Elektrophorese-System (BioRad Laboratories, Hercules, CA, USA) (Furch, A. C. U. et al. 2010). Bei den Gelen wurde als Erstes das Trenngel (12 %) für 2 Gele hergestellt, da es die untere Phase der SDS-Page darstellt. Unmittelbar vor dem Abfüllen des Trenngels wurden 60 µl APS und 7,5 µl TEMED zur Lösung zugegeben. Diese Zugabe bewirkt, dass das Trenngel auspolymerisiert. Das gleiche Verfahren wurde auch für das Sammelgel (4 %) angewendet. Nach dem Gießen des Trenngels in die entsprechende Halterung wurde es mit EtOH abgedeckt, um ein Austrocknen zu verhindern. Der EtOH wurde später mittels Filterpapier entfernt. Nach dem Trenngel wurde das Sammelgel hergestellt, da es die obere Phase der SDS-Page darstellt. Unterschiede zwischen beiden Gelen liegen vor allem in ihren Acrylamid-Konzentrationen, Porengrößen und auch in der Verwendung verschiedener Puffer. Diese Unterschiede bewirken, dass die Proben zunächst im Sammelgel komprimiert werden, um dann schließlich gleichzeitig im Trenngel nach Größe getrennt zu werden. Nachdem beide Gele auspolymerisiert waren, konnte die Flutung der Gelkammern mit einem Laufpuffer erfolgen. Danach wurde die Beladung der vorher mit einem Probenkamm integrierten Taschen im Sammelgel durchgeführt.

In die erste Tasche wurde der Page Ruler Prestained Protein Ladder (1 µl) Größenmarker eingesetzt. In die zweite Tasche wurde die Probe einer Kontrollpflanze (Kt) pipettiert. In einem ersten Gel wurden anschließend die Proben von 10 Minuten bis 3 Stunden (t = 0,1 h; t = 0,3 h; t = 1 h und t = 3 h) in die Taschen übertragen. Bei den genannten Proben handelte es sich um Kontrollproben mit H_2O und Proben der behandelten/gereizten Pflanze mit flg22. In einem zweiten Gel wurden die Taschen mit den Proben von 4 und 5 Stunden (t = 4 h und t = 5 h) pipettiert. Auch hier handelte es sich um Flagellin und Wasser infiltrierte Proben.

Nach der Übertragung der Proben in die Taschen konnte die Elektrophorese gestartet werden. Dabei wurden zuerst eine Stromstärke von 10 bis 15 mA und eine Stromspannung von 100 V eingestellt. Nachdem die Proteine das Sammelgel durchlaufen hatten, wurden die Stromstärke auf 25 bis 30 mA und die Spannung auf 120 V erhöht.

Nach der Proteintrennung durch das Trenngel wurde die Stromzufuhr gestoppt und die Gele konnten vorsichtig entnommen werden, um sie für ca. 30 Minuten in H_2O_{dest} zu lagern.

Als weiterer Schritt wurde eine Coomassiefärbung durchgeführt. Die Gele mussten über Nacht in der Coomassielösung überdauern, wodurch die Proteine eingefärbt wurden. Am nächsten Tag wurde die Coomassielösung entfernt und gleichzeitig gegen 25 % igem Methanol als Waschlösung ersetzt. Nach jeweils einer Stunde wurde die Methanollösung ausgewechselt. Die Auswechslung der Waschlösung wurde viermal wiederholt, um die Hintergrundfärbung zu reduzieren.

7 Ergebnisse

Das Ziel dieser Arbeit bestand darin, die Reaktionen des Phloems auf verschiedene biotische Reize (MAMPs) zu untersuchen. Hierbei wurde das Phloem der Versuchspflanzen *Vicia faba* und *Cucurbita maxima* durch Flagellin und Chitin gereizt und mittels verschiedener Techniken untersucht. Während bei *Cucurbita maxima* molekularbiologische Untersuchungen angestellt wurden (SDS-PAGE), wurden die Reaktionen des Phloems von *Vicia faba* mithilfe mikroskopischer Untersuchungen (KLSM) beobachtet.

7.1 Beobachtung des intakten Phloems

Durch die Freilegung des Phloems im intakten Gewebe nach Knoblauch, M. und van Bel, A. J. E. (1998) ist eine Beobachtung des lebenden Phloems möglich. Im Falle von *Vicia faba* ist dadurch eine Überwachung der besonderen Phloem-Proteine, den Forisomen durchführbar. Diese Forisome liegen in den Siebelementen (SE), können jedoch innerhalb der Siebelemente eine sehr unterschiedliche Positionierung einnehmen. Einige Forisome stehen in engem Kontakt mit den Membranen der Siebplatten (SP), während andere sehr zentral in den Siebelementen angeordnet sind. Die Analyse der Lage der Forisome ist deswegen relevant, weil sie ausschlaggebend für die Reaktivität der Forisome ist. Vor allem an der Siebplatte (SP), der Plasmamembran (PM) und dem Endoplasmatischen Retikulum (ER) existieren so genannte Ca^{2+}-„Hotspots“ (Hafke, J.B. et al. 2009). Durch eine erhöhte Ca^{2+}-Konzentrationen entsteht eine Reaktion der Forisome (Furch, A. C. U. et al. 2009). Mittels konfokalmikroskopischer Durchlichtaufnahmen ist eine Observation und Dokumentation der Forisome möglich (Abb. 6).

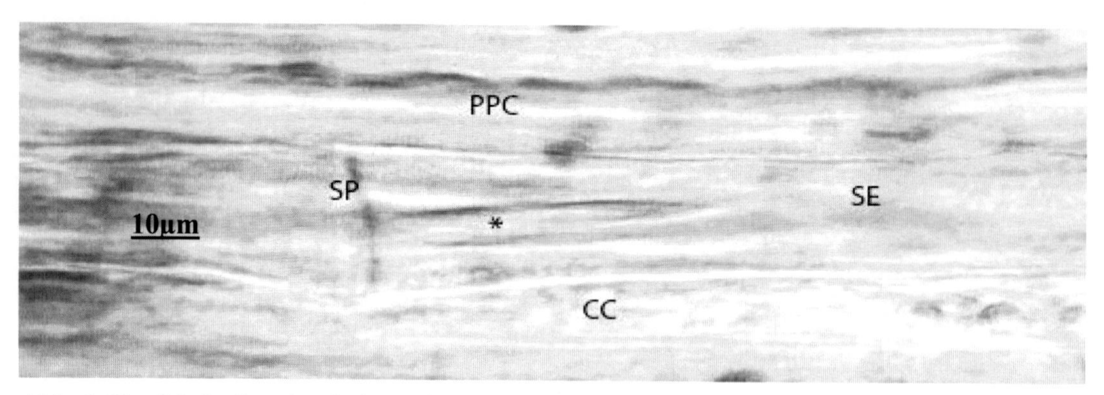

Abb. 6: Konfokalmikroskopische Aufnahme eines Forisoms in *Vicia faba*

Die Aufnahme des intakten Phloems zeigt ein kristallines Forisom (*) in den Siebelementen (SE) von *Vicia faba*. Das Forisom steht in direktem Kontakt mit der Siebplatte (SP). Unterhalb der Siebelemente (SE) befindet sich der Geleitzellen-Komplex (CC). Umgeben werden diese durch die Phloemparenchymzellen (PPC).

7.1.1 Forisomreaktion nach flg22-Applikation

Nachdem das Forisom im intakten Phloem beobachtet wurde (*in vivo*), konnte eine MAMP-Applikation auf die Schnittstelle erfolgen. Hierbei wurde synthetisches Flagellin (flg22) als MAMP eingesetzt. Auf diese Weise sollte beobachtet werden, ob die Forisome in *Vicia faba* auf einen bakteriellen Reiz (Proteinsequenz der Geißeln) reagieren. Die Konzentration von flg22 betrug 1,25 µM. Neben der Beobachtung einer Dispersion des Forisoms wurde zusätzlich die Rekondensationszeit und die Lage vor und nach der Rekondensation gemessen. Um Reaktionen der Forisome ausschließlich auf die Appliaktion der MAMPs zurückführen zu können, musste vor Beginn der Experimente mindestens 1 bis 2 Stunden Regenerationszeit nach dem Schnitt mit der Rasierklinge eingehalten werden. Diese Zeit garantiert einen ungestressten Zustand der Pflanze. Die Untersuchung der Forisome mit flg22 konnte ebenfalls mittels konfokalmikroskopischer Aufnahmen dokumentiert werden (Abb. 7). Der Farbstoff CMEDA/CMFDA wurde hierbei eingesetzt, um die Forisome und somit die Reaktion besser zu veranschaulichen (Abb. 8).

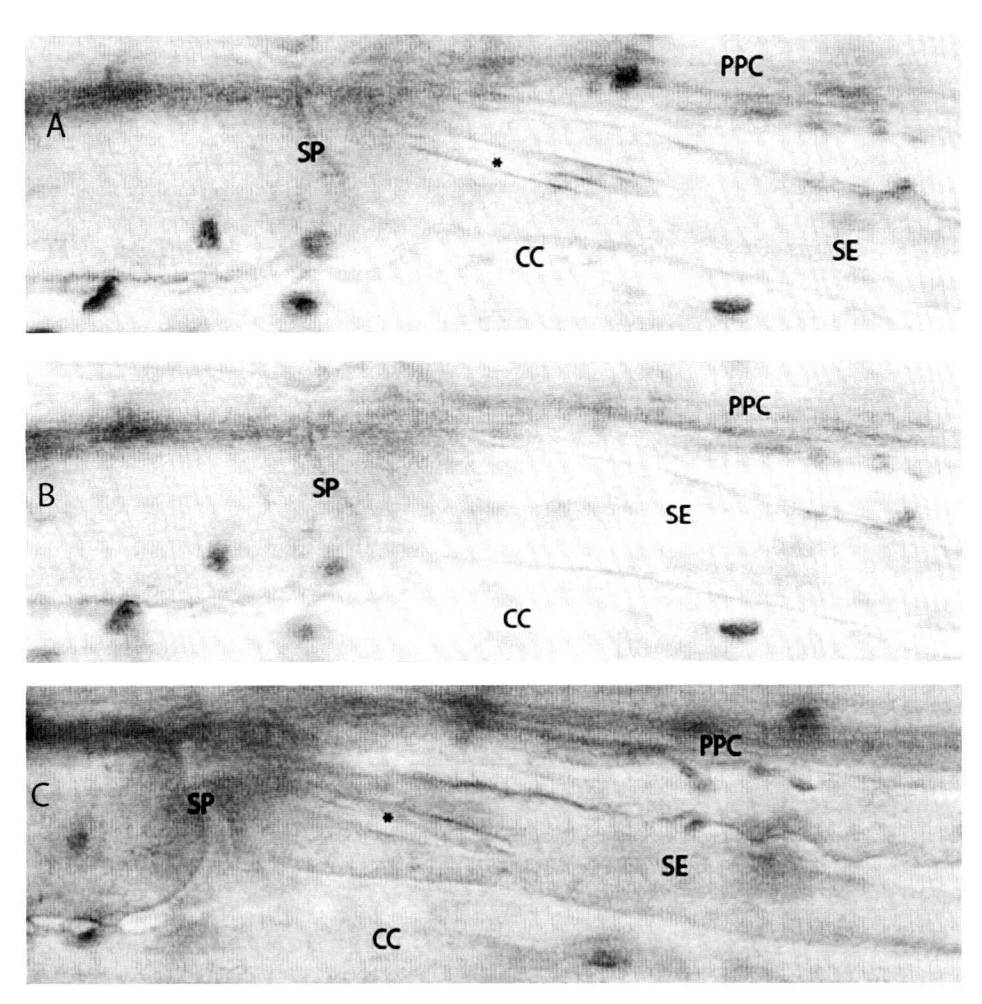

Abb. 7: Konfokalmikroskopische Aufnahme einer Forisomreaktion nach flg22-Applikation in *Vicia faba*

Bild A zeigt das Forisom vor Reizapplikation mit flg22 in *Vicia faba*. Bild B stellt ein dispergiertes Forisom 3 Minuten nach der Applikation dar. Bild C zeigt ein rekondensiertes Forisom 30 Minuten nach flg22-Applikation. Das Forisom rekondensiert in seine ursprüngliche Position vor der Dispersion. Kürzel: Siebplatte (SP), Geleitzelle (CC), Siebelement (SE), Forisom (*), Phloemparenchymzellen (PPC)

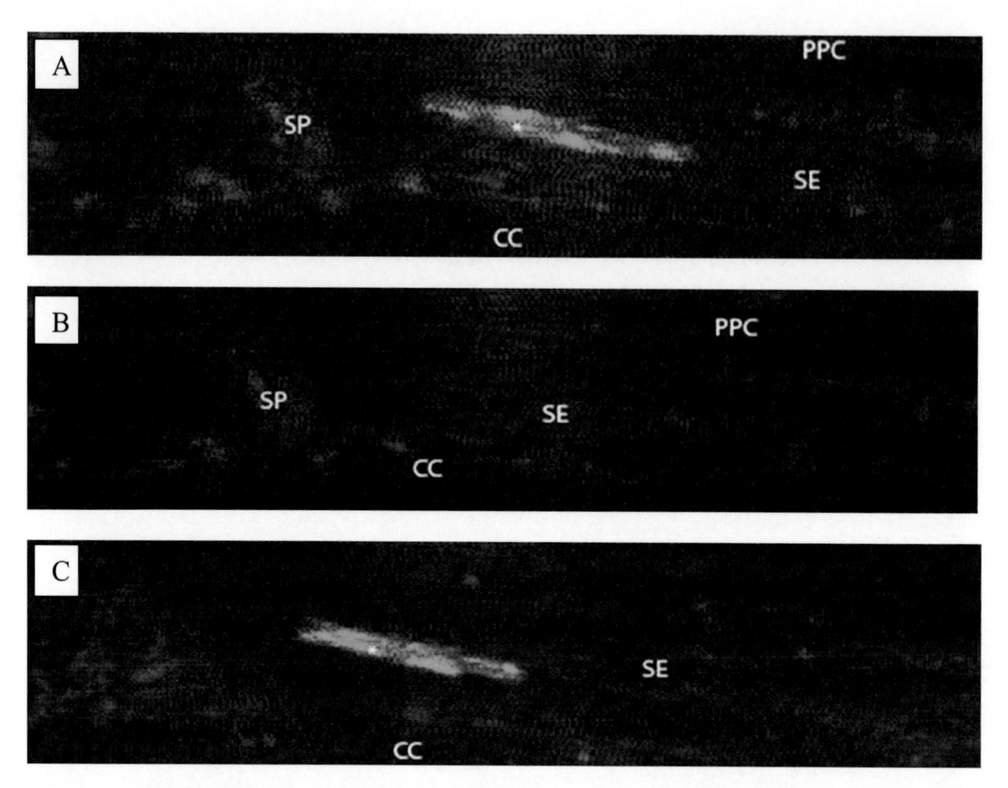

Abb. 8: Konfokalmikroskopische Aufnahmen einer Forisomreaktion nach flg22-Applikation mit CMEDA/CMFDA

Bild A zeigt ein hell leuchtendes Forisom in *Vicia faba*. Die Dispersion des Forisoms ist in Bild B verdeutlicht, hier ist kein Forisom mehr zu beobachten. In Bild C ist das Forisom in seine ursprüngliche Lage rekondensiert. Der Farbstoff CMEDA/CMFDA wurde eingesetzt, um die Forisomreaktion besser zu veranschaulichen.

Durch die Applikation von flg22 stellte sich eine Konformationsänderung der Forisome ein. Im Reaktionsablauf (Abb. 7 und 8) reagierte das Forisom mit einer Dispersion nach 3 Minuten. Nach 30 Minuten rekondensierte das Forisom wieder und zeigte danach keine erhebliche Änderung in Lage und Position. Jedoch können Lageänderungen nach der Rekondensation generell entstehen (Abb. 9).

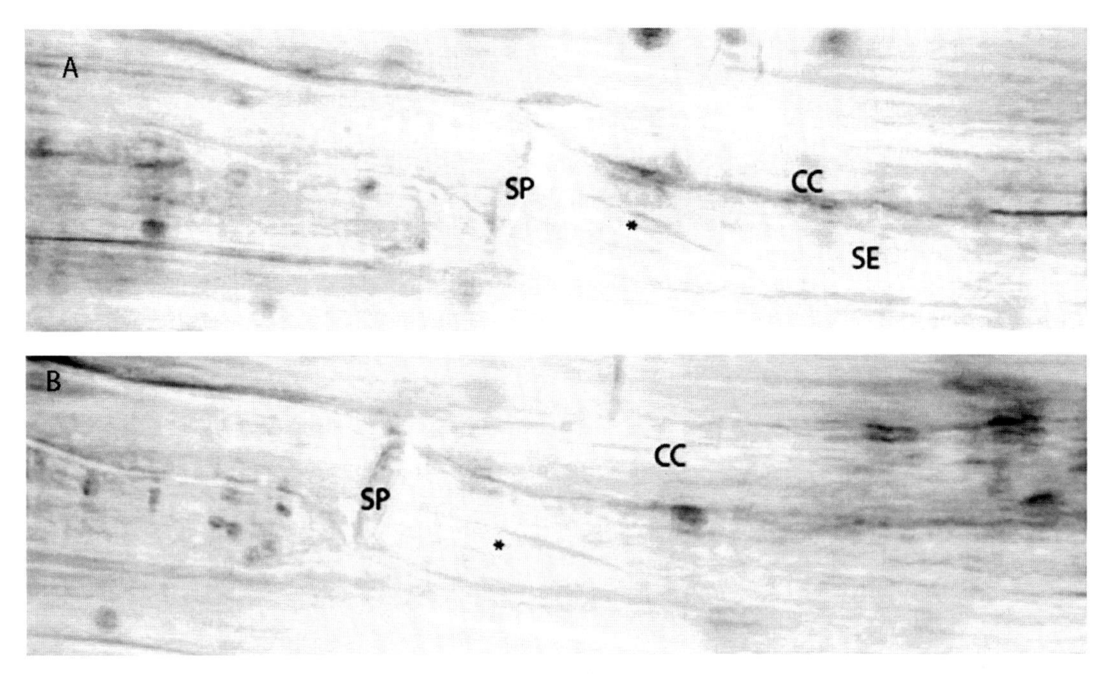

Abb. 9: Konfokalmikroskopische Aufnahme einer Änderung der Lage nach der Rekondensation durch flg22 in *Vicia faba*

Das Bild A zeigt ein Forisom einer ungereizten *Vicia faba*-Pflanze. Das Bild B stellt ein, in der Lage verändertes, Forisom 35min nach flg22 Applikation dar.

Das Forisom in Bild A (Abb. 9) berührt mit der einen Seite die Wand des Siebelements (SE), mit der anderen Seite besteht kein Kontakt zur Siebplatte (SP). Nach der Dispersion durch flg22 stellte sich (Bild B) eine Rekondensation ein. Das rekondensierte Forisom hat nun keinen direkten Kontakt mehr mit der Wand des Siebelements, jedoch weist das andere Ende des Forisoms eine Berührung mit der Siebplatte (SP) auf. Es zeigt sich also, dass die Forisome nach ihrer Rekondensation in ihrer Position leicht abweichen.

Bei der Untersuchung der Forisome auf flg22 als Reizauslöser zeigte sich, dass nicht alle Forisome gleich reagierten, denn nicht alle Forisome dispergierten durch die Reizapplikation. Des Weiteren hatten die Forisome unterschiedliche Dispersions- und Rekondensationszeiten (Abb. 10; Tabelle 1).

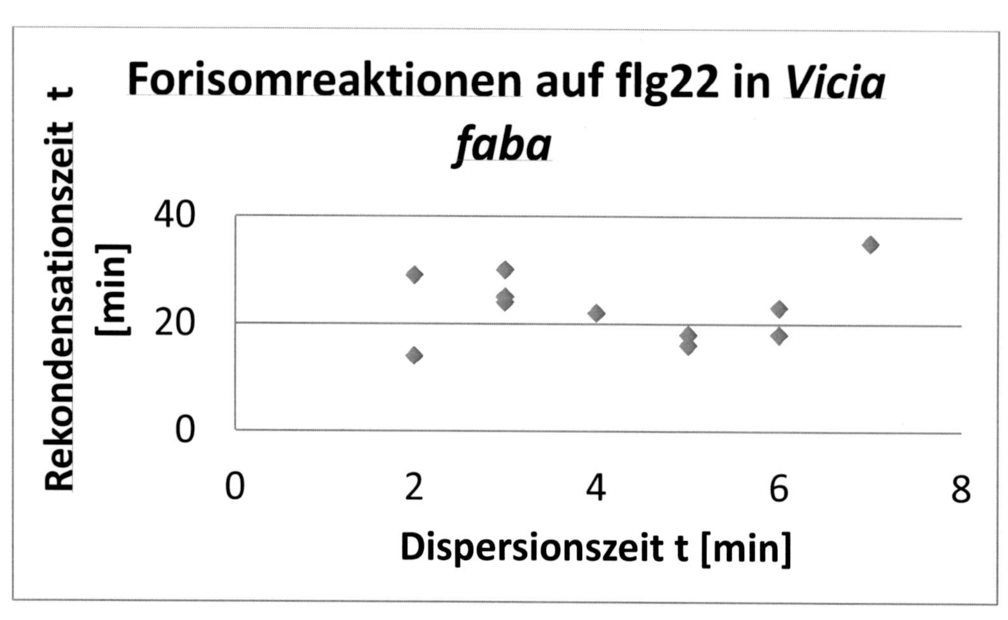

Abb. 10: Darstellung der Forisomreaktion in *Vicia faba* durch flg22

Die Darstellung zeigt die Korrelation zwischen Dispersion und Rekondensation im zeitlichen Ablauf. Die Abszisse stellt die Zeit von Reizapplikation bis Dispersion in Minuten dar. Die Ordinate zeigt die Zeit in Minuten von der Dispersion des Forisoms bis zur Rekondensation.

Forisomreaktion auf flg22 in *Vicia faba*		
Anzahl dispergierter Forisome	Dispersionszeit (t = min)	Rekondensationszeit (t = min)
1	2	14
2	3	24
3	3	30
4	5	16
5	6	18
6	7	35
7	3	24
8	4	22
9	5	18
10	3	25
11	3	30
12	2	29
13	6	23
Arithmetisches Mittel:	4 Minuten	23,7 Minuten

Tabelle 1: Anzahl der Forisome mit Dispersion durch flg22

Die Tabelle stellt die zeitlichen Daten von Dispersion und Rekondensation der Forisome in Minuten dar. Das arithmetische Mittel (Mittelwert) wird zu beiden Zeitpunkten angegeben.

Während der experimentellen Phase mit flg22 dispergierten insgesamt 13 (n = 13) von insgesamt 22 getesteten Forisomen (n = 22). Im arithmetischen Mittel lag die Dispersionszeit von n = 13 Forisomen bei 4 Minuten und die Rekondensationszeit bei 23,7 Minuten.
Jedoch zeigten auch 5 der insgesamt 22 getesteten Forisome in *Vicia faba* keine Reaktion. Von diesen 5 Forisomen reagierten 2 Forisome auch nicht auf einen Brennreiz.

Zudem zeigten durch die Reizapplikation mit flg22 5 der 9 Forisome, die keine Dispersion aufwiesen, eine Veränderung in ihrer Lage im Siebelement (Abb. 11; Tabelle 2).

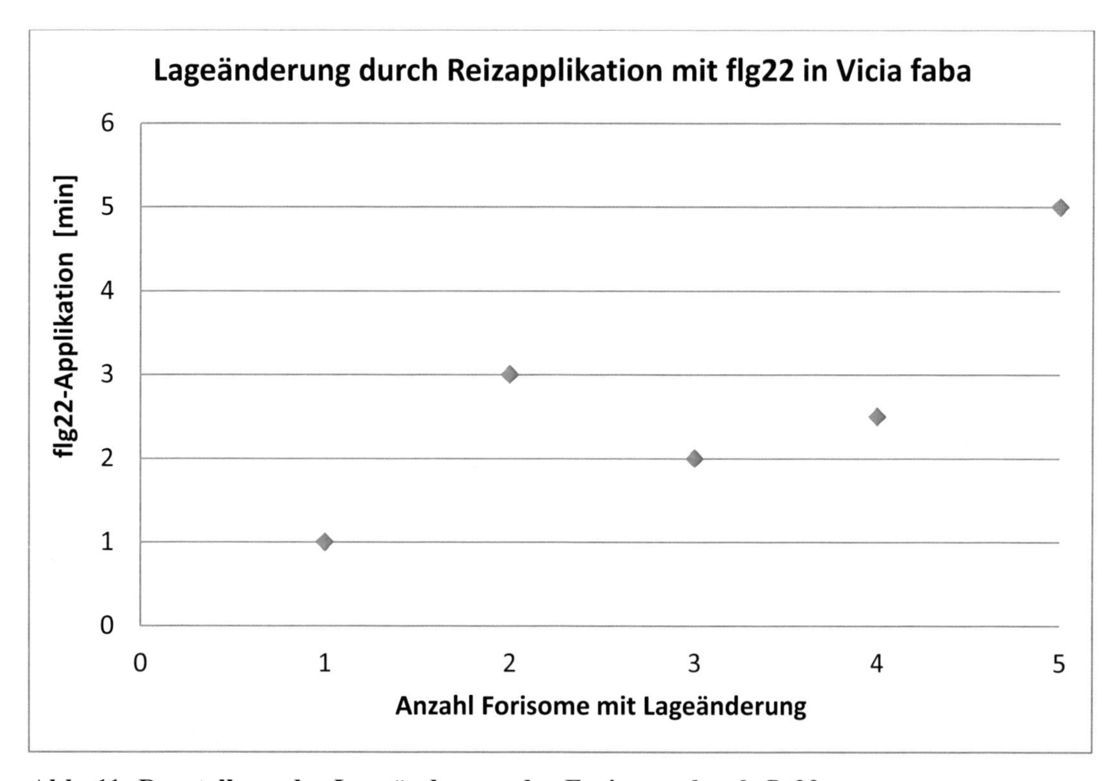

Abb. 11: Darstellung der Lageänderung der Forisome durch flg22

Die Darstellung zeigt die Anzahl der Forisome (n = 5), die auf die Reizapplikation mit einer Änderung ihrer Lage reagierten. Die Ordinate stellt die Zeit der Reizapplikation bis zur Lageänderung des Forisoms in Minuten dar. Die Abszisse zeigt die Anzahl der Forisome mit Lageänderung.

Lageänderung der Forisome durch Reizapplikation flg22 in *Vicia faba*		
Anzahl Forisome mit Lageänderung	Reizapplikation (t = min)	Stärke der Lageänderung
1	1	leicht
2	3	stark
3	2	leicht
4	2,5	leicht
5	5	stark
Arithmetisches Mittel:	2,7	

Tabelle 2: Lageänderung der Forisome durch flg22

Die Tabelle stellt die Anzahl der Forisome mit Lageänderung und die Stärke der Änderung dar. Die Reizapplikationszeit zeigt die Zeit von flg22-Applikation bis zur Lageänderung. Zu unterscheiden wäre ebenfalls die Stärke der Lageänderung der Forisome durch flg22.

Von 5 Forisomen, die ihre Lage veränderten (wie in Abb. 9 dargestellt), hatten 2 Forisome vor der Reizapplikation eine Berührung mit der Siebplatte und der Wand der Siebelemente. Nach der flg22-Applikation hatten die Forisome keinen Kontakt mehr zur Siebplatte und zur Wand des Siebelements. Somit waren die Forisome nach der Dispersion zentral im Siebelement positioniert.

7.1.1.1 *Untersuchung der Lage im Siebelement in Vicia faba*

Während der Untersuchung der Forisome auf Reizapplikation wurden auch die unterschiedlichen Positionen der Forisome beobachtet und dokumentiert. Diese Beobachtungen könnten Korrelationen mit der Reaktivität der Forisome auf die MAMPs aufweisen. Die Forisome besitzen dabei alle sehr unterschiedliche Positionen im Siebelement in *Vicia faba* (Abb. 12).

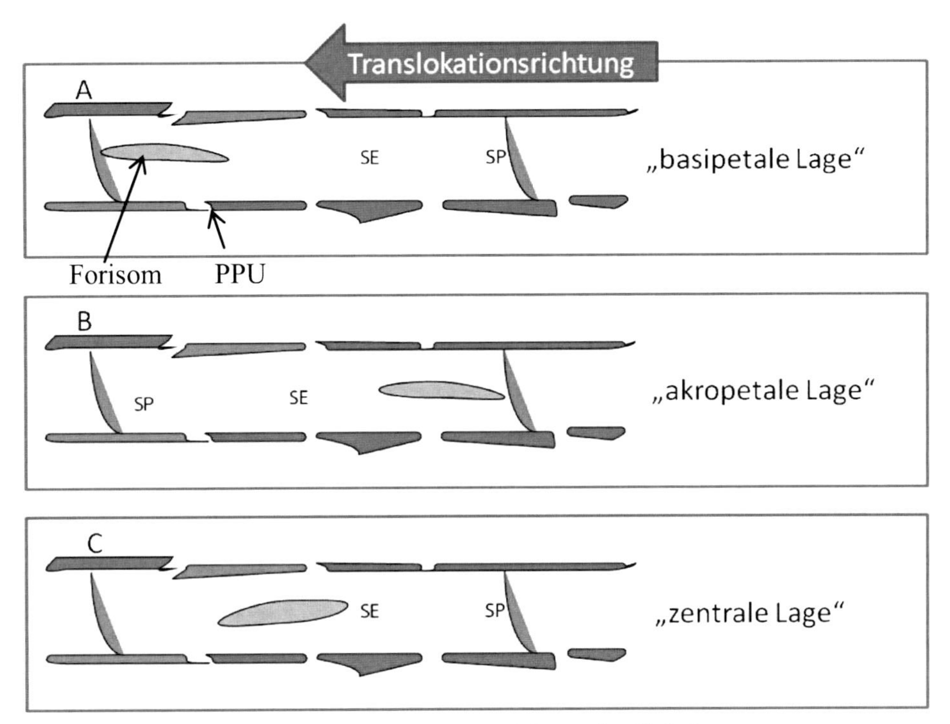

Abb. 12: Darstellung der verschiedenen Positionen im Siebelement

Die drei verschiedenen Positionen im Siebelement differenzieren sich durch ihre Translokationsrichtung. Die „basipetale Lage“ ist in Translokationsrichtung, „zentrale“ und „akropetale Lage“ entgegen der Translokationsrichtung. Die „zentrale Lage“ hat keinen Kontakt zu den Siebplatten (SP), kann aber generell einen Kontakt zur Plasmamembran (PM) haben. Die Darstellung der Positionen der Forisome berücksichtigt nicht den Kontakt mit der Plasmamembran. Kürzel: Siebelement (SE), Siebplatte (SP), Pore-Plasmodesmos-Units (PPU)

Die Abbildung stellt die drei unterschiedlichen Positionen im Siebelement dar. Unterschieden wurden „akropetale, basipetale und zentrale Position“ der Forisome. Die „akropetalen“ Forisome lagen stromaufwärts und die „basipetalen“ stromabwärts im Siebelement.

Während der Experimente mit MAMPs wurden alle unterschiedlichen Positionen im Siebelement getestet (Abb. 13 und 15) und auf ihre Reaktivität auf Reizapplikation untersucht (Abb. 16).

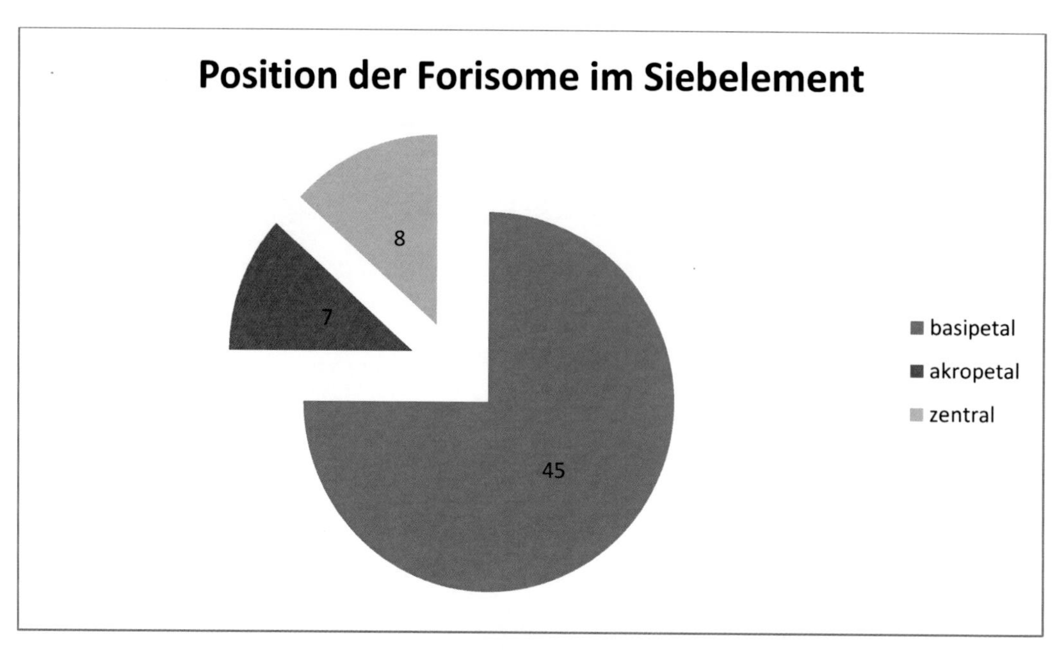

Abb. 13: Positionen der Forisome im Siebelement

Unterschieden wurden die unterschiedlichen Positionen im Siebelement. Die Anzahl der Forisome (n = 60) stellt die insgesamt beobachteten Forisome in *Vicia faba* dar.

Insgesamt wurden 60 Forisome in *Vicia faba* beobachtet. Hierunter fallen nicht nur die 22 auf flg22 getesteten, sondern auch die auf einen Brennreiz getesteten Forisome. Auch wurden zu Beginn der Experimente nur Forisome im Siebelement ohne jegliche Applikation beobachtet, die hier ihre Berücksichtigung fanden.

Bei 60 Forisomen in *Vicia faba* waren 45 Forisome (75 %) „basipetal" angeordnet. Eine „akropetale Lage" hatten 7 Forisome (11,6 %) und eine „zentrale Lage" 8 (13,3 %). Daraus resultiert, dass die größte Anzahl der Forisome in „basipetaler Lage" in Translokationsrichtung angeordnet war.

Die Forisome können anhand ihrer Kontakte zur Siebplatte (SP) und Plasmamembran (PM) (Abb. 14) noch weiter klassifiziert werden.

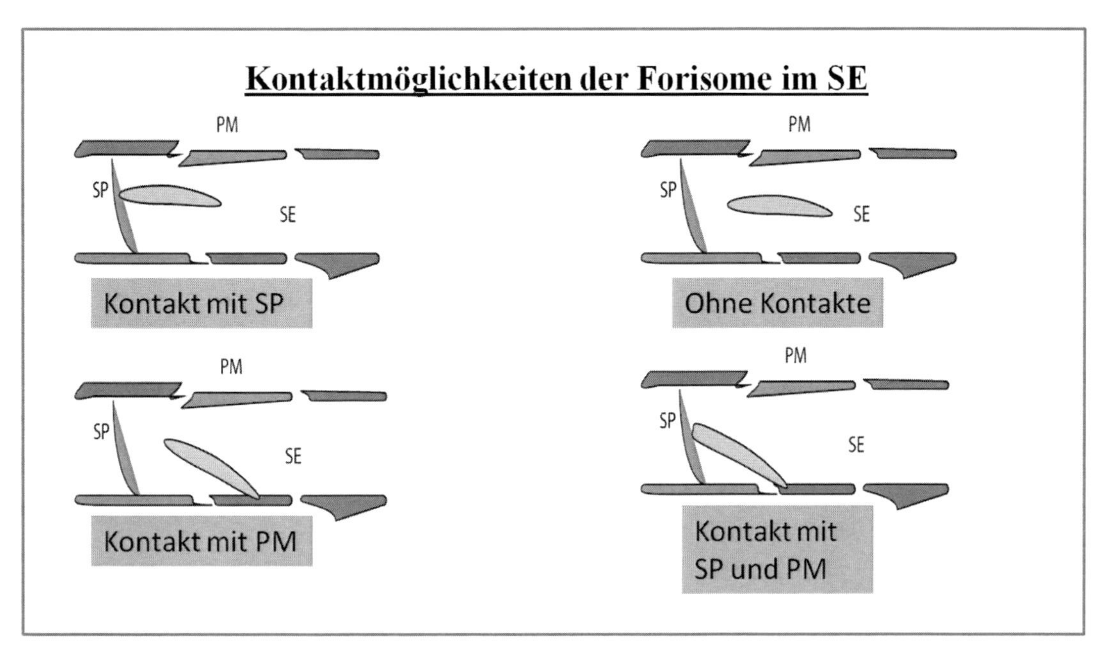

Abb. 14: Darstellung der jeweiligen Kontaktmöglichkeiten der Forisome im Siebelement von *Vicia faba*

Die Darstellung zeigt die unterschiedlichen Lagen der Forisome und ihre Kontaktmöglichkeiten zu Siebplatte und Plasmamembran. Die Forisome können in Kontakt mit der Siebplatte, mit der Plasmamembran, mit Plasmamembran und Siebplatte oder gar keinen Kontakt haben. Die Abbildung stellt eine „basipetale Position“ des Forisoms mit den möglichen Kontaktarten dar. Für eine „akropetale Position“ des Forisoms gelten dieselben Kontaktmöglichkeiten. Bei einer zentralen Position existieren nur Kontakte zur Plasmamembran. Kürzel: Siebplatte (SP), Plasmamembran (PM), Siebelement (SE)

Dieser weitere Klassifikationsschritt der Forisome stellt die unterschiedlichen Kontaktmöglichkeiten der Forisome im Siebelement dar. Einerseits können Forisome frei, also zentral im Siebelement (SE) angeordnet sein und somit keinen Kontakt zur Siebplatte (SP) oder Plasmamembran (PM) haben. Andererseits können sie Kontakt zur Siebplatte, aber auch zur Plasmamembran haben. Manche Forisome stehen auch gleichzeitig in Kontakt mit Siebplatte und Plasmamembran. Die Einteilung der Forisome nach Lage und Position soll verdeutlichen, in welcher Quantität die Forisome in den verschiedenen Kontaktarten vorliegen. Bei Beachtung der unterschiedlichen Kontaktmöglichkeiten der Forisome im Siebelement (SE) in *Vicia faba* werden quantitative Unterschiede sichtbar (Abb. 15).

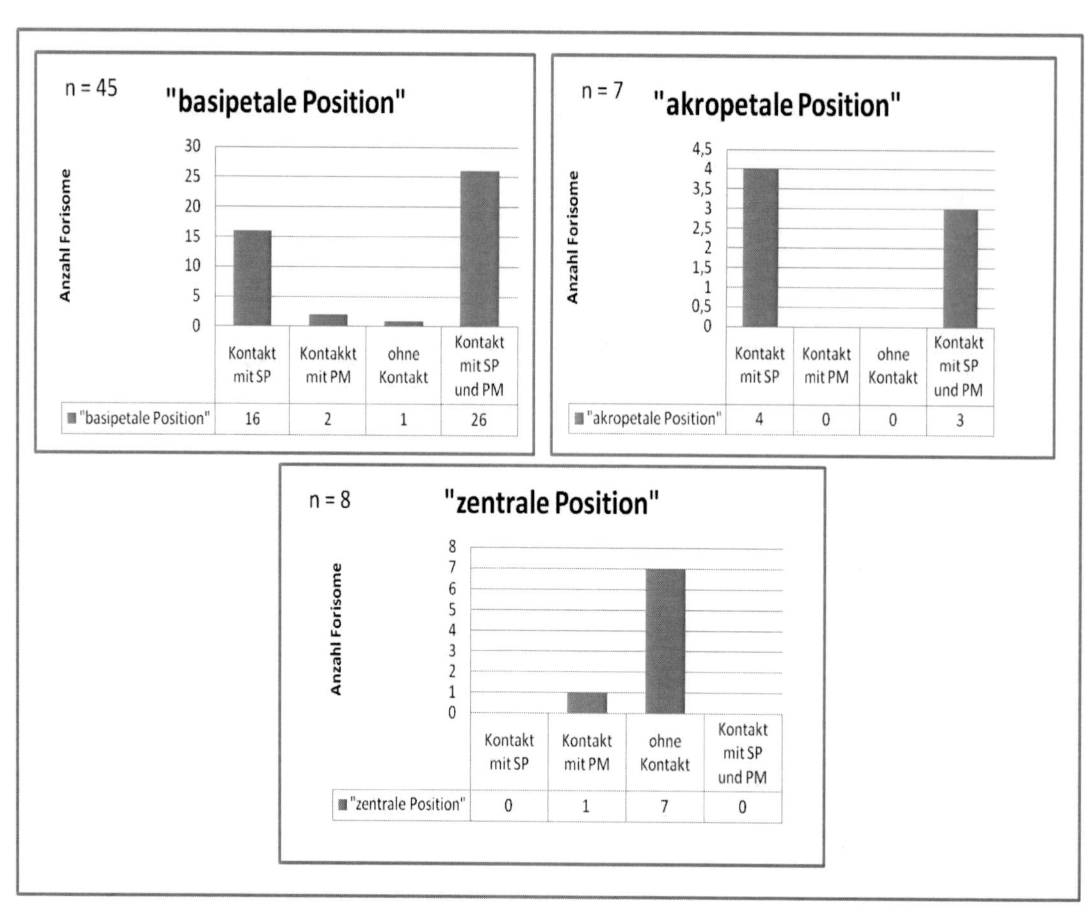

Abb. 15: Darstellung der Positionen und der jeweiligen Kontaktart der Forisome im Siebelement von *Vicia faba*

Die drei oben aufgeführten Tabellen stellen die unterschiedlichen Positionen „basipetal, akropetal und zentral" der Forisome im Siebelement (SE) dar. Die einzelnen Positionen wurden weiter differenziert in die vier Kontaktmöglichkeiten der Forisome im Siebelement (Kontakt mit SP, mit PM, mit PM und SP und ohne jeglichen Kontakt). Die Ordinate stellt die Anzahl der beobachteten Forisome dar. Die Abszisse zeigt die unterschiedlichen Kontaktarten der jeweiligen Position des Forisoms im Siebelement. Bei der Tabelle der „basipetalen Position" gab es 45 (n = 45), bei „akropetaler Position" 7 (n = 7) und bei „zentraler Position" 8 (n = 8) beobachtete Forisome.

Die Darstellung verdeutlicht, in welcher Quantität die einzelnen Forisome in ihrer Position im Siebelement (SE) und in welcher Kontaktart die Forisome in *Vicia faba* beobachtet wurden. Bei einer „basipetalen Position" der Forisome im Siebelement (SE) hatten 26 (57,7 %) von insgesamt 45 Forisomen direkten Kontakt mit der Plasmamembran (PM) und der Siebplatte

(SP). Aber auch der Kontakt nur mit der Siebplatte trat mit 16 (35,5 %) von 45 Forisomen häufig auf. Der Kontakt des Forisoms nur mit der Plasmamembran lag bei 2 Forisomen (4,4 %), ganz ohne Kontakt bei 1 (2,2 %) von 45 Forisomen in „basipetaler Position". Die Forisome in „akropetaler Position" hatten nur einen Kontakt mit der Siebplatte oder Kontakt mit Siebplatte und Plasmamembran. Kontakt mit Siebplatte bestand bei 4 Forisomen (57,1 %) und bei 3 von 7 beobachteten Forisomen war ein Kontakt mit Plasmamembran und Siebplatte vorhanden. Bei einer „zentralen Position" des Forisoms im Siebelement wurden nur Berührungen mit der Plasmamembran oder gar kein Kontakt beobachtet. Kontakt mit der Plasmamembran lag bei 1 Forisom (14,2 %) vor und ohne Berührungen wurden 7 (87,5 %) von 8 Forisomen dokumentiert. Die Mehrheit der Forisome in „basipetaler" oder „akropetaler Position" zeigte einen Kontakt mit der Siebplatte oder mit Siebplatte und Plasmamembran. Bei einer „zentralen Position" hatte die Mehrheit der Forisome keinen Kontakt zur Plasmamembran oder Siebplatte. Zusammenfassend zeigt sich, dass der Großteil aller beobachteten Forisome eine „basipetale Position" im Siebelement in *Vicia faba* aufwies (75 %).

Die unterschiedlichen Positionen und Kontaktmöglichkeiten der Forisome im Siebelement (SE) wurden mittels flg22 als potenzieller Reiz für Forisome untersucht (Abb. 16).

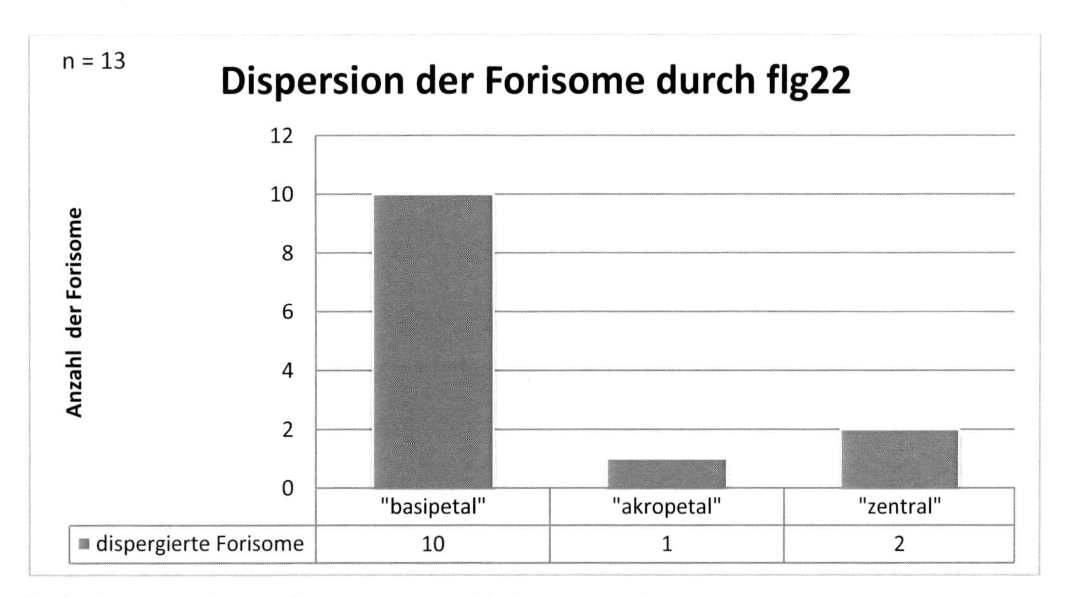

Abb. 16: Dispersion der Forisome durch flg22-Applikation in *Vicia faba*

Die Tabelle differenziert die dispergierten Forisome in den Positionen „basipetal, akropetal und zentral im Siebelement (SE). Insgesamt reagierten n = 13 Forisome, die auf die einzelnen Positionsarten aufgeteilt wurden.

Wie unter 7.1.1. gezeigt, dispergierten hier insgesamt 13 Forisome durch die Applikation von flg22. Jedoch werden nun die dispergierten Forisome nach Positionen im Siebelement (SE) differenziert. Abb. 16 verdeutlicht, welche Forisome in welcher Position auf flg22 reagiert haben. Es zeigt sich, dass der Großteil der Forisome, die auf flg22 dispergierten und auch wieder rekondensierten, eine „basipetale Position" im Siebelement (SE) hatten (76,9 %). Nur 2 Forisome in „zentraler Position" (15,38 %) von n = 13 Forisomen reagierten auf flg22 mit einer Dispersion. Ebenso reagierte auch nur 1 Forisom in „akropetaler" Position auf flg22 (7,69 %).

7.1.1.2 ***Fluoreszenzmikroskopie (CFDA)***

Die Untersuchungen mit 5-(6)carboxyfluorescein diacetate (CFDA) sollten den Mechanismus der proteinbasierten Verstopfung der Siebelemente (Sieve Element Occlusion, SEO) sichtbar machen. Als membrangängiges CFDA gelangt der Farbstoff über einen Schnitt der Blattspitze in das Phloem. Dort wird durch Esterase das Diacetat des Farbstoffs abgespalten, wodurch das CFDA nun 5-(6)carboxyfluorescein (CF) membranundurchlässig in den Zellen verbleibt und angeregt bei 488 nm fluoresziert. Innerhalb des Phloems wird CF nun basipetal im Leitsystem transportiert und akkumuliert in den Siebelement/Gleitzellen (SE/CC) Komplexen. Somit kann CFDA bzw. CF als Marker für den symplasmatischen Transport im Phloem eingesetzt werden. Wie bereits unter Abb. 2 beschrieben, wurde zur Beobachtung der CF-Verteilung im Phloem der Versuchspflanze *Vicia faba* erneut die *in-vivo*-Technik angewendet, die die Beobachtung des CF-Transportflusses im intakten Gewebe des Phloems ermöglicht (Knoblauch, M. et al. 1998). Ebenso wurde erneut das Konfokal-Laser-Scanner-Mikroskop (KLSM) verwendet, mit dem nicht nur durchlichtmikroskopische Aufnahmen des Phloems gewonnen werden konnten, sondern eine gleichzeitige Detektion des CF ermöglicht wurde.

Die Experimente mit CFDA sollten Informationen über den Verschluss der Siebelemente und somit dem Stopp des Massenstroms erbringen. Der Verschluss der Siebelemente sollte wie zuvor mithilfe von Flagellin (flg22, 1,25 µM) ausgelöst werden (Abb. 18).

Nach Flutung des Phloems mit dem Farbstoff (Abb. 17) wurde, durch Ersetzen des apoplasmatischen Puffers gegen flg22, eine Forisomreaktion ausgelöst (Abb. 18). Die CF-Farbintensität der mittels KLSM gewonnenen Bilder wurde anschließend mit ImageJ untersucht (Abb. 19).

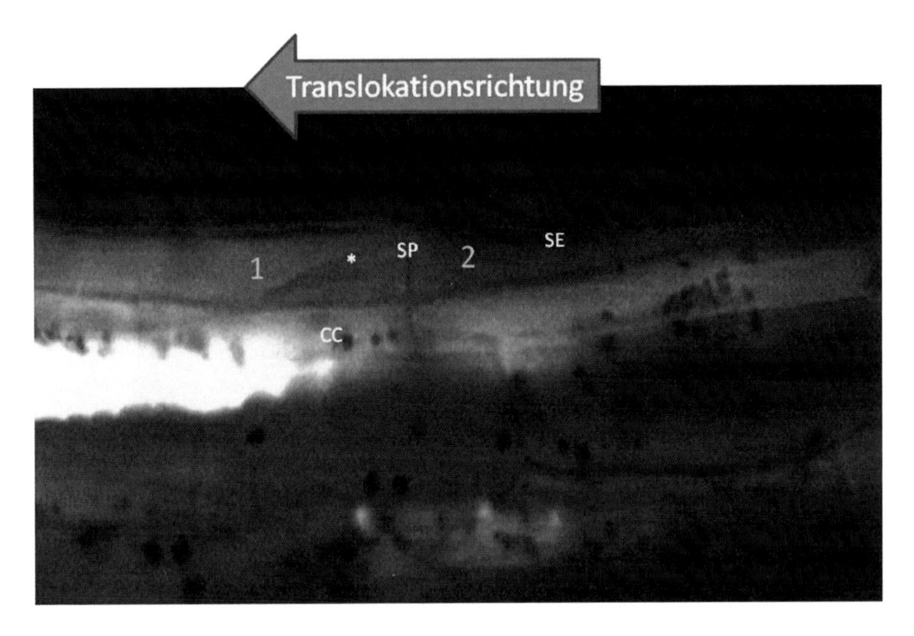

Abb. 17: CFDA-behandeltes Phloem von *Vicia faba*

Die Translokationsrichtung des Phloems und damit des Farbstoffs CF ist von links nach rechts (Pfeilrichtung). CF akkumuliert in den Geleitzellen (CC) und weist somit eine höhere Fluoreszenz auf. An der Siebplatte (SP) des Siebelements (SE) ist das Forisom (*) in einer „akropetalen Position“ angeschlossen. Es hat Kontakt zur Siebplatte (SP) und zur Plasmamembran (PM). Die Intensität von CF wurde im Siebelement (SE) auf der Seite des Forisoms (Kennzeichnung 1 und 2) mithilfe von ImageJ gemessen.

Die an das Siebelement angeschlossene Geleitzelle zeigt durch Akkumulation des Farbstoffs eine im Vergleich zum Siebelement (SE) hohe Farbintensität.

Für die späteren Messungen der Farbintensität (Abb. 18) wurden zwei verschiedene „Region of Interests“ (ROI, mit 1 und 2 in Abb. 17 gekennzeichnet) gewählt. Das im Siebelement vorkommende Forisom (mit * gekennzeichnet) ist in einer „akropetalen Position“ an die Siebplatte (SP) angeschlossen und dient der Überprüfung der ausgelösten Phloemreaktion auf das in das Sichtfenster applizierte flg22 (Abb. 18).

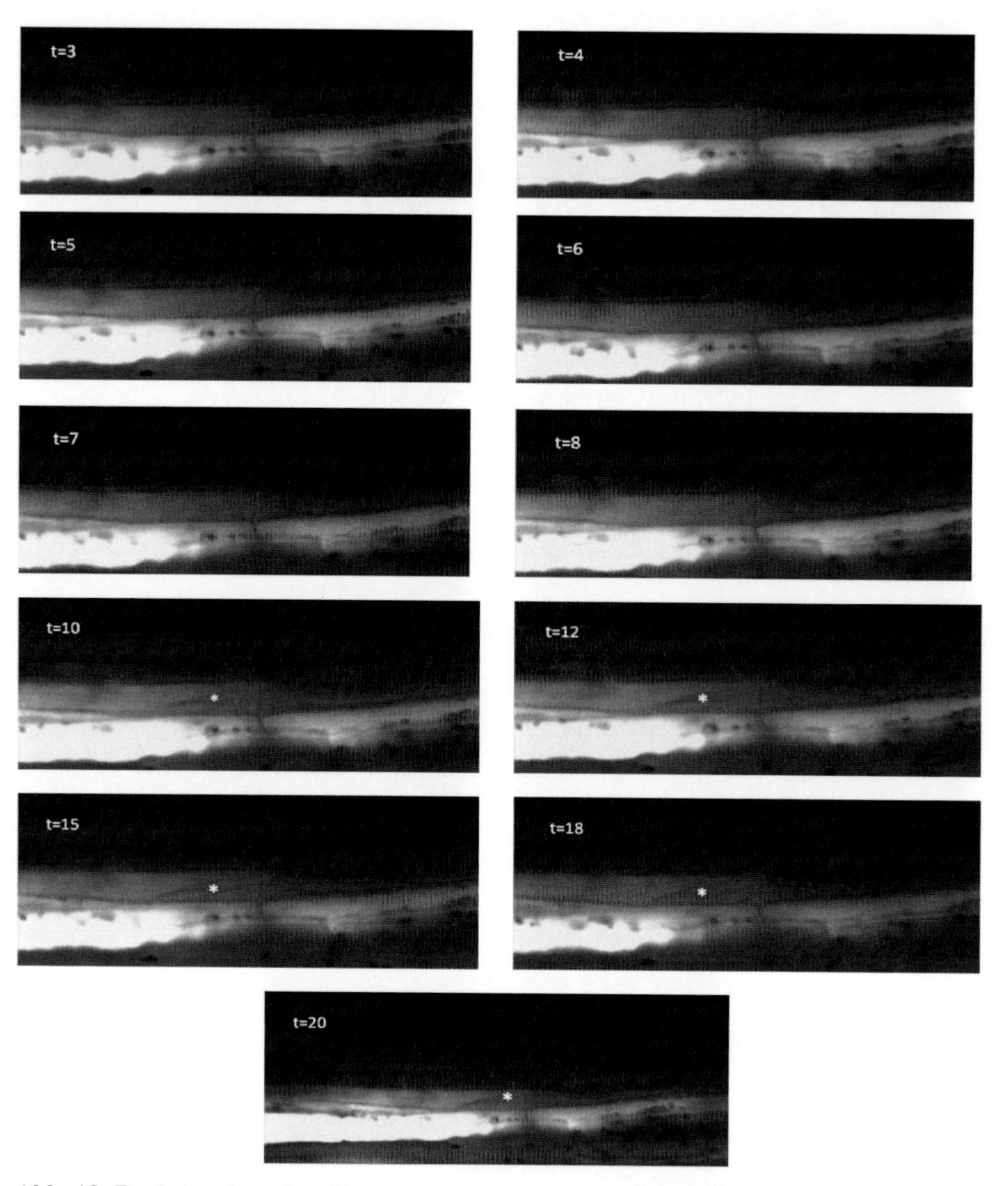

Abb. 18: Reaktion des mit CFDA gefärbten Phloems nach flg22-Applikation

Bereits 3 Minuten nach flg22-Applikation ist das Forisom vollständig dispergiert. Im Zeitverlauf von 3 bis 9 Minuten ist keine Rekondensation des Forisoms zu erkennen.
Erst 10 Minuten nach flg22-Applikationen ist eine Rekondensation des Forisoms (*) in ursprünglicher „akropetaler Position" an der Siebplatte (SP) sichtbar.

Bereits 3 Minuten nach Applikation mit flg22 zeigt das Forisom im Phloem von *Vicia faba* eine Konformationsänderung. Das Forisom ist durch diese Dispersion nicht mehr als kristallines, spindelförmiges Protein zu erkennen. Erst 10 Minuten nach Reizapplikation stellte sich eine Rekondensation des Forisoms ein, wodurch es wieder als kristallines, spindelförmiges

Protein sichtbar wurde. Ebenfalls zeigt das rekondensierte Forisom keine Änderung in Position und Lage.

Um Aussagen auch über geringe Änderungen in der Farbintensität in den gekennzeichneten Bereichen des Siebelements (Abb. 17) treffen zu können, wurde die Farbintensität dieser Bereiche mittels ImageJ bestimmt (Abb. 19).

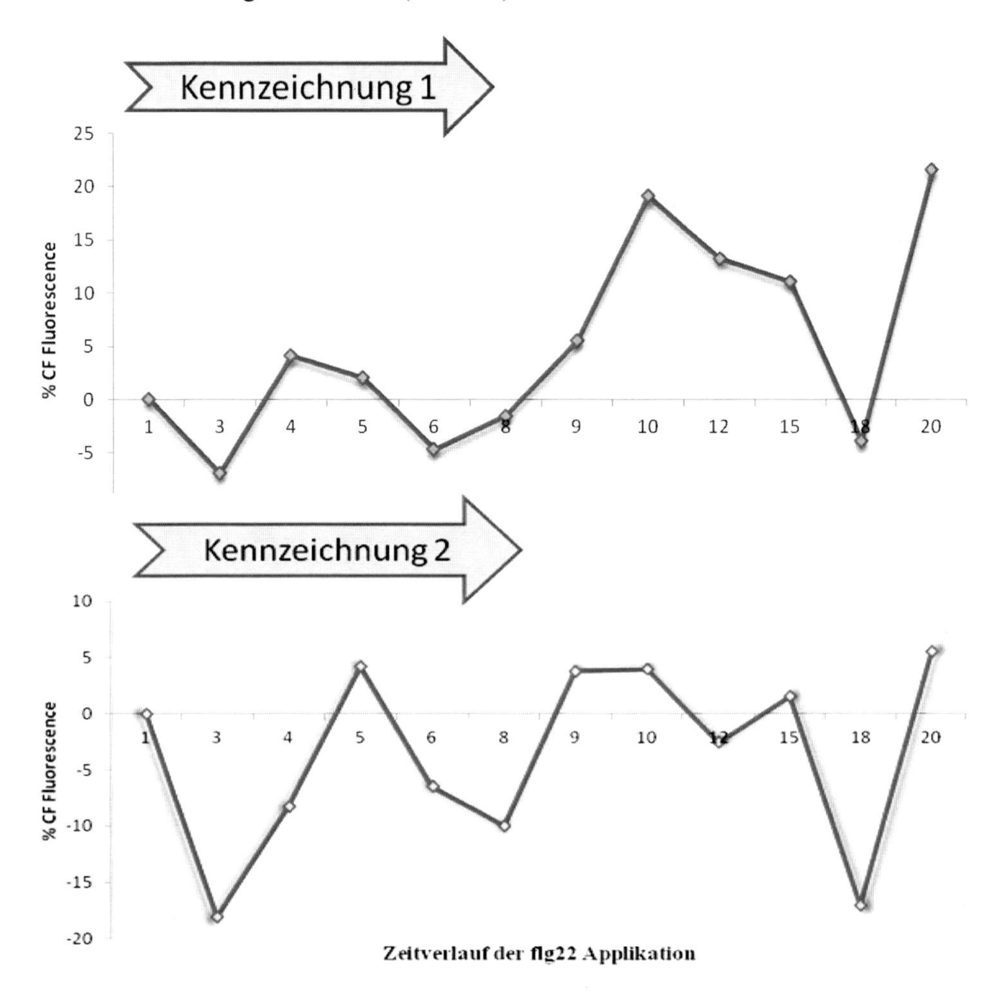

Abb. 19: Änderung der Farbintensität von CFDA durch flg22

Die Darstellung zeigt den Verlauf der CF Farbintensität, der mit 1 und 2 gekennzeichneten Bereiche im Siebelement, nach flg22 Applikation. Die Ordinate stellt die Prozentuale Abweichung der Farbintensität zum unbehandelten Siebelement dar. Die Abszisse zeigt den Zeitverlauf der flg22 Applikation.

Sowohl bei Kennzeichnung 1 (basale Seite der Siebplatte) als auch bei Kennzeichnung 2 (akropetale Seite der Siebplatte) wurde die CFDA-Färbung über den Zeitverlauf 1 bis 20

Minuten nach flg22-Applikation gemessen. Als Referenzwert wurde die Intensität des noch unbehandelten Siebelements (SE) verwendet. Die gezeigten Werte geben daher die Abweichung der CF-Fluoreszenz des mit flg22 behandelten Phloems (Abb. 18) im Vergleich zur unbehandelten Referenz (Abb. 17) in Prozent an.

Bei Kennzeichnung 1 findet eine Reduzierung der Farbstoffintensität bei 3, 6, 8 und 18 Minuten statt. Eine Zunahme der Intensität im Vergleich zur Referenz dagegen stellt sich nach 4, 5, zwischen 9 und 15 sowie 20 Minuten nach flg22-Applikation ein. Der Zeitpunkt 3 Minuten stellt dabei die Dispersion des Forisoms dar. Bei der vollständigen Rekondensation 10 bis 12 Minuten dagegen lässt sich ein starker Anstieg von CF erkennen.
Bei Kennzeichnung 2 zeigt sich auch ein schwankender Verlauf der Farbstoffintensität. Während der Dispersion des Forisoms 3 Minuten nach flg22-Applkation ist eine Reduzierung der Fluoreszenz zu beobachten. Nach der Dispersion entsteht ein Anstieg der Intensität, der nach 8 Minuten wieder rapide abnimmt. Bei der Rekondensation 10 Minuten nach Applikation ist wieder ein Anstieg der Fluoreszenz zu beobachten. Nach der Rekondensation zeigt sich wie auch bei der Messung von Kennzeichnung 1 ein schwankender Verlauf der Farbintensität folgt (18 bis 20 Minuten).

Insgesamt zeigen die Ergebnisse beider Messungen, dass sich durch die Dispersion des Forisoms auf flg22 eine Reduzierung der Fluoreszenz von CF eingestellt hat (t = 3 Minuten). Nach der Dispersion (t = 4 Minuten) entstand ein rapider Anstieg der Intensität von CF bei beiden Kennzeichnungen. Auf diesen Anstieg folgte eine weitere Reduzierung der Fluoreszenz (t = 7 Minuten). Während der Rekondensation kam es zu einer starken Erhöhung der Fluoreszenz in beiden Messungen (t = 10 Minuten) und während der Rekondensation nahm die Fluoreszenz allmählich wieder ab (bis t = 18 Minuten). Ab diesem Zeitpunkt erfolgte ein weiterer Anstieg der Fluoreszenz im Siebelement (t = 20 Minuten).
Prozentual ausgedrückt zeigt sich 3 Minuten nach flg22-Applikation, zum Zeitpunkt der Dispersion, eine Abnahme der CF-Fluoreszenz im Vergleich zur Referenz des unbehandelten Siebelements (SE) um -6,9 % und -18 %. Während der Rekondensation hingegen weist die Kennzeichnung 1 einen Anstieg der Fluoreszenz um 19 % zur Referenz auf. Die Kennzeichnung 2 hat eine Erhöhung der Fluoreszenz um 3,9 %.

7.1.2 Forisomreaktion auf Chitin (N-acetylchitooctaose)

Nach der experimentellen Phase mit flg22 wurde Chitin (glc8) als potenzieller Auslöser einer Forisomreaktion getestet. Chitin ist der Hauptbestandteil der pilzlichen Zellwand, vor allem bei den „echten“ Fungi im Stamm der Ascomycota und Basidiomycota. Nach Gaupels, F. et al. (2008) ist glc8 ein Auslöser für eine Forisomdispersion. Durch die Applikation von glc8 auf die Schnittstelle von *Vicia faba* entsteht eine Stickoxid-Synthese (NO-Synthese) im Phloem als Abwehrreaktion der Pflanze auf glc8, wodurch eine Forisomreaktion ausgelöst wird.
Zu Beginn der ersten Untersuchungen wurde eine glc8-Konzentration von 0,1 μM eingesetzt. Bei dieser Konzentration reagierten die Forisome nicht, zeigten keine Lageänderung oder Dispersion. Während dieser Versuchsreihe in *Vicia faba* wurden 8 Forisome (n = 8) getestet. Mangels Reaktion auf 0,1 μM glc8 wurde die Konzentration auf 1 μM erhöht. Jedoch zeigte sich auch hier keine Reaktion und auch 30 Minuten nach Reizapplikation stellten sich bei den Forisomen weder Lageänderung noch Dispersion ein. Bei dieser Konzentration wurden 6 Forisome (n = 6) getestet. Durch Verwendung eines Brennreizes im Anschluss an die glc8-Applikation wurde die Funktionsfähigkeit der Pflanze und des Forisoms untersucht. Nach dem Brennreiz dispergierten alle Forisome.

7.1.2.1 *Position und Lage der Forisome bei glc8-Applikation*

Während der Untersuchung mit glc8 wurden auch Lage und Position der Forisome dokumentiert und wie auch bei flg22 die Positionen „basipetal, akropetal und zentral“ unterschieden (Abb. 20).

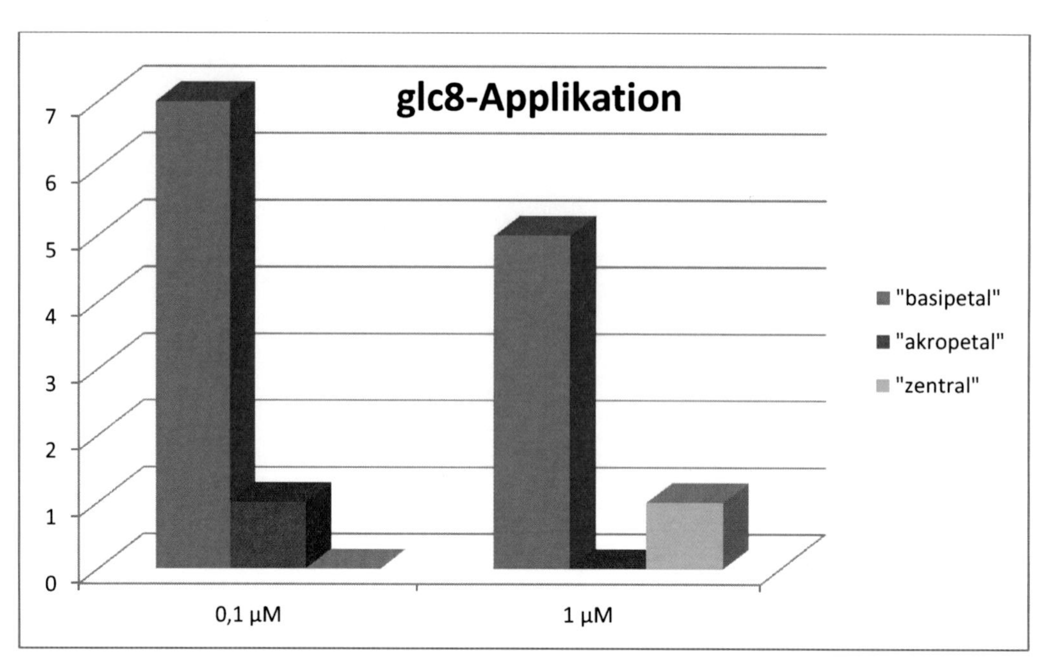

Abb. 20: Darstellung der Positionen der Forisome bei glc8-Applikation

Die Abbildung verdeutlicht, welche Forisome in welcher Position bei der Behandlung mit glc8 waren. Unterschieden werden die Konzentrationen von 0,1 µM und 1 µM.

Die Abbildung zeigt, dass ein Großteil der untersuchten Forisome bei beiden Konzentrationen in „basipetaler Position" im Siebelement (SE) lag. Bei 0,1 µM gab es zudem 1 Forisom mit „akropetaler Position". Bei der Konzentration von 1 µM lag nur 1 Forisom in „zentraler Position".

7.2 Eindimensionale SDS-Page mit Phloemsaft

In dieser Versuchsreihe wurde *Cucurbita maxima* als Versuchspflanze verwendet. Die Probenentnahme des Phloemsaftes einer gereizten *Cucurbita maxima* Pflanze ist eine wirkungsvolle Methode, um Proteinunterschiede im Phloem zu untersuchen, da *Cucurbita maxima* die besondere Eigenschaft besitzt, Phloemsaft nach dem Schnitt der Petiole auszubluten. Die in der Blutung enthaltenen Proteine werden dann mithilfe der eindimensionalen SDS-Page untersucht.

Der Phloemsaft von *Cucurbita maxima* enthält die prominenten Phloem-Proteine PP1 und PP2, bei denen von einer Beteiligung am Siebelementverschluss ausgegangen wird. Dieser Verschluss entsteht durch die Veränderung der Proteine PP1 und PP2, wobei ein Teil der wasserlöslichen Proteine zu nicht wasserlöslichen Bestandteilen wird (Furch, A. C. U. et al. 2010).

In dem experimentellen Ablauf mit *Cucurbita maxima* wurde erneut Flagellin (flg22, 1,25 µM) als Reizauslöser eingesetzt. Es sollte überprüft werden, ob auch die Proteine PP1/PP2 in *Cucurbita maxima* auf flg22 eine Konzentrationsverschiebung zeigen.

Hierzu wurde flg22 2 cm vom Spreitengrund in das zweite Blatt oberhalb der Kotyledone (Petiole) infiltriert. Die Kontrollpflanzen wurden mit 100 µl H_2O auf die gleiche Weise behandelt. Bei der Entnahme des Phloemsafts wurden verschiedene Zeitpunkte eingehalten (10 Minuten bis 5 Stunden). Anschließend erfolgte die Probenentnahme des Phleomsafts 1 cm vom Spreitengrund entfernt. Die anschließende eindimensionale SDS-Page wurde verwendet, um quantitative Unterschiede in den Proteinkonzentrationen der im Phloemsaft enthaltenen Proteine darzustellen (Abb. 21).

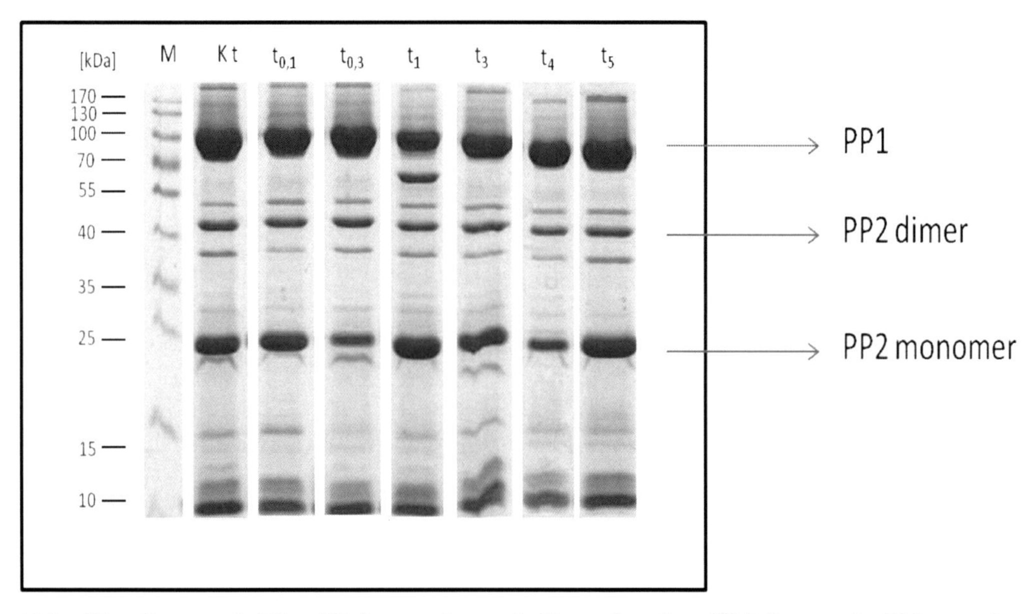

Abb. 21: Coomassie-Blue-Färbung einer eindimensionalen SDS-Page mit Phloemsaft von Kontroll- und gereizten Pflanzen von *Cucurbita maxima*

Die mit H_2O infiltrierte Kontrollprobe (Kt) diente bei der Auswertung als Referenzprobe. Die Entnahmezeitpunkte der mit flg22 infiltrierten Pflanzen waren 10 Minuten, 30 Minuten sowie 1, 3, 4 und 5 Stunden (t = 0,1 h, t = 0,3 h, t = 1 h, t = 3 h, t = 4 h und t = 5 h Stunden). In dem Gel stellt die erste Lane den Marker (M) dar. Die blauen Pfeile stellen die Proteine PP1, PP2 dimer und PP2 monomer in *Cucurbita*

Durch das Auftrennen und Anfärben sind die Proteine PP1, PP2 dimer und PP2 monomer sichtbar geworden. Bei allen Proben zeigt sich, dass die Proteine PP1/PP2 auffällig große Banden gebildet haben. Der Molekularmarker (M) in der ersten Lane dient der Bestimmung des exakten Molekulargewichts der Proteine. Die zweite Lane zeigt die wasserinfiltrierte Kontrollprobe (Kt). Diese Probe wurde als Referenzlane benötigt, um quantitative Unterschiede zu den Proben der gereizten Pflanze mit flg22 zu ermitteln.

Auf den ersten Blick sind kaum Unterschiede der Proteine von Kontrollprobe und Proben der gereizten Pflanze erkennbar. Daher wurde die relative Proteinkonzentration von PP1 und PP2 mithilfe von ImageJ gemessen (Tabelle 3; Das Protein PP1 von der 1-Stunde-Probe wird in der Messung nicht berücksichtigt, da es sich verschoben hatte).

	Kontrolle	10 min	30 min	1 h	3 h	4 h	5 h
PP1	0	-9,791111	-4,8047529	-	-8,4779607	-12,6401078	-2,939387
PP2 dimer	0	-2,618508	-2,2326593	-5,10054933	-4,9883275	-10,8481057	-2,497973
PP2 monomer	0	-4,7450129	-27,557448	5,98287797	-6,1442674	-28,6290091	10,41658

Tabelle 3 Gemessene Abweichung in % der Farbintensität von PP1/PP2 anhand der SDS-Page

Bei der Messung wurden die Proteine PP1, PP2 dimer und PP2 monomer der gereizten Pflanzen anhand der wasserinfiltrierten Referenzprobe unterschieden. Gemessen wurde die Farbintensität mithilfe von ImageJ. Die Messwerte wurden dann umgerechnet in prozentuale Abweichungen der Referenzlane (Kt). Dargestellt sind die Entnahmezeitpunkte von 10 Minuten bis 5 Stunden nach der flg22-Infiltration.

Die Ergebnisse stellen die prozentualen Abweichungen der Referenzlane (Kt) dar. Dabei wurden die Proteine PP1, PP2 dimer und PP2 monomer unterschieden. Die Messungen veranschaulichen, dass die Proteine im Vergleich zur Kontrollprobe insgesamt abgenommen haben. Das Protein PP1 weist eine Reduzierung von ca. -9,8 % 10 Minuten nach der flg22-Infiltration auf. Nach 30 Minuten liegt der quantitative Anteil von PP1 bei -4,8 %. Ebenfalls zeigen die Proben nach 3, 4 und 5 Stunden eine Reduzierung des Proteins PP1. Vor allem 4 Stunden (-12,6 %) nach der Infiltration wird eine starke quantitative Reduzierung sichtbar.

Die 1-Stunden-Probe wurde nicht gemessen, da sich das Protein PP1 nicht richtig aufgetrennt hatte.
Die Ergebnisse der Messungen von PP2 dimer verdeutlichen, dass sich auch bei diesem Protein eine Abnahme der Proteinintensität eingestellt hat. Jedoch weisen die 10- und 30-Minuten-Proben eine geringere Reduzierung (ca. -2,4 %) auf als bei dem Protein PP1. Gleichzeitig spiegelt sich auch in diesen Messungen eine Reduzierung der Proteinintensität von PP2 dimer zu der Referenzlane wider. Ebenso zeigt auch die 4-Stunden-Probe von PP2 dimer (-10,8 %) eine ähnlich starke Abnahme der Intensität wie das Protein PP1.
Bei den Messungen der quantitativen Proteinveränderung von PP2 monomer zu der Referenzlane stellt sich ebenfalls eine Abnahme der Proteinintensität ein. Vor allem die 30-Minuten-Probe (-27,5 %) weist eine starke Reduzierung der Proteinquantität auf. Des Weiteren verdeutlicht die Messung, dass auch die 4-Stunden-Probe eine sehr rapide Reduzierung der Proteinquantität aufweist (-28,6 %). Die 5-Stunden-Probe von PP2 monomer weist als einzige Probe der gereizten Pflanze eine positive Proteinintensität auf.

Insgesamt zeigen die Proben der gereizten *Cucurbita maxima*-Pflanzen eine Reduzierung der Proteinquantität von PP1, PP2 dimer und PP2 monomer im Vergleich zur Referenzlane (Kt). Alle Proben, bis auf die 5-Stunden-Probe von PP2 monomer, weisen eine Abnahme der Proteine auf. Ebenfalls stellen sich deutliche Reduzierungen der Proteinquantität schon nach 10 Minuten ein. Die stärksten Reduzierungen wurden nach 4 Stunden gemessen (bis zu 28 %).

8 Diskussion

Die vorliegende Arbeit beschäftigt sich mit der Interaktion zwischen Pathogenen und höheren Pflanzen. Nicht nur Pathogene wie Viren, Bakterien und Pilze verbesserten in ihrer Entwicklung ihre Techniken und Methoden, um Resistenzen und Schutzmechanismen der Pflanzen zu überwinden, sondern auch die höheren Pflanzen bildeten Schutzmechanismen aus, um sich gegen abiotische und biotische Faktoren zu wehren.

Das Phloem der Pflanzen dient der Nährstoffverlagerung und dem Stofftransport. Zudem hat das Phloem eine Vielzahl unterschiedlicher Aufgaben wie die Signalübertragung oder die Fernkommunikation über die Siebelemente. Um seine Funktionsfähigkeit aufrechtzuerhalten und die Versorgung der gesamten Pflanze dauerhaft zu gewährleisten, hat das Phloem eine Vielzahl an Abwehr- und Schutzmechanismen entwickelt. Besonders der Verschluss der Proteine stellt hierbei eine besondere Abwehrreaktion dar. Dieser Verschluss kann reversibel Callose- und Protein-vermittelt stattfinden.

Im Fokus der vorliegenden Arbeit stand der Protein-vermittelte Verschluss der Siebelemente von *Cucurbita maxima* und *Vicia faba.* Es sollte gezeigt werden, wie die verschiedenen Phloem-Proteine auf MAMPs reagieren.

Im Falle der Versuchspflanze *Cucurbita maxima* ist bekannt, dass die Phloem-Proteine PP1 und PP2 mit Agglutination auf einen Reiz reagieren. Diese Reaktion führt zu einem Verschluss der Siebelemente (Furch, A. C. U et al. 2010). In den Siebelementen von *Vicia faba*, einem Vertreter der *Fabaceae*, hingegen befinden sich weitere hochspezialisierte Proteine. Diese spindelförmigen, kristallinen Proteine, die Forisome, zeigen auf Reize eine Konformationsänderung. Diese sogenannte Dispersion führt dann zu einer Verstopfung der Siebplatten und zu einem Stopp des Massenstroms (Furch, A. C. U. et al. 2007).

Durch die Untersuchung der Reaktion der Forisome wurde analysiert, ob Flagellin (flg22) als bakterieller Elicitor eine Reaktion des Phloems, vermittelt durch die Forisome, hervorruft. Mithilfe der *in-vivo*-Experimente mit flg22-Applikation konnte eine Dispersion der Forisome beobachtet werden. Ebenfalls stellte sich nach der Dispersion eine Rekondensation der Forisome ein (Abb. 7). Ferner zeigten einige rekondensierte Forisome eine Lageänderung nach der Dispersion im Siebelement (SE) (Abb. 9). Auf die Analyse der Lageänderung und Position der Forisome wird im Laufe der Diskussion noch einmal eingegangen.

Nach Betrachtung der Dispersions- und Rekondensationszeiten der Forisome (Abb. 10) kann ausgesagt werden, dass im Durchschnitt die Forisome nach ca. 4 Minuten dispergieren. Nach der Dispersion stellt sich nach etwa 24 Minuten eine Rekondensation ein. Dieses Ergebnis verdeutlicht, dass die Forisomreaktion eine reversible Reaktion des Phloems auf mikrobiellen Befall darstellt. Wie in früheren Studien nach abiotische Reizen gezeigt (Furch A. C. U. et al. 2007) liegt auch hier die Vermutung nahe, dass eine Ca^{2+}-vermittelte Dispersion der Forisome zu einem Verschluss der Siebelemente (SEO) und damit zu einem Stopp des Massenstroms in den betroffenen Siebelementen führt. Dieser Schluss wird durch die Verwendung von CFDA in der Versuchspflanze *Vicia faba* und der Applikation von flg22 bestätigt. Mit Hilfe dieses phloem-mobilen Farbstoffs sollte untersucht werden, ob eine Dispersion der Forisome zu einem Stopp des Massenstroms im Siebelement führt. Dieser Beweis sollte belegen, dass die Pflanze die Reaktion der Forisome als Schutzmechanismus gegen biotische Reize einsetzt.

Die Ergebnisse zeigen, dass sich Veränderungen der Fluoreszenz durch Reizapplikation mit flg22 einstellen. In Abbildung 18 wird ein dispergierendes Forisom in „akropetaler Position" dargestellt. Die Ergebnisse deuten darauf hin, dass durch die Dispersion ein Verschluss der Siebelement (SEO) entsteht, durch den der Massenstrom aufgehalten wird. Anlass für diese Hypothese ist, dass durch den Stopp des Massenstroms Carboxyfluorescein (CF) nicht länger transportiert wird und die vorhandene (im Siebelement eingeschlossene) Menge an CF durch Bestrahlung mit Laser ausbleicht (Abb. 19). Das bedeutet, dass während der Dispersion die Fluoreszenz von CF abgenommen hat. Weiterhin stützt sich die Hypothese darauf, dass nach der Rekondensation die Fluoreszenz wieder stark zunimmt (Abb. 19). Grund hierfür könnte sein, dass der Verschluss des Siebelements und damit verbunden der Stopp des Massenstroms aufgehoben werden und wieder neues CF in die Siebelemente transportiert wird. Diese Zunahme lässt also darauf schließen, dass das rekondensierte Forisom keinen Verschluss der Siebelemente mehr darstellt und somit der Massenstrom weiter von Zelle zu Zelle strömen kann.

Die vorliegenden Ergebnisse zeigen somit, dass bisherige Erkenntnisse von u.a. Knoblauch, M. et al. (1998) über die Phloemreaktion auf abiotische Reize auch auf biotische Faktoren zu übertragen sind. So verdeutlichen die Erkenntnisse von Knoblauch, M. et al. (1998), dass durch eine abiotischen Reizapplikation die Forisome dispergieren, was zu einem Verschluss der Siebelemente führt. Durch diese dispergierten P-Proteine entsteht eine Hemmung des Massenstroms im Siebelement, die ebenfalls von Knoblauch, M. et al. (1998) mittels CFDA dargestellt wurde. Es wird jedoch vermutet, dass durch die Dispersion der Forisome kein komplett dichter Verschluss der Siebelemente entsteht (Knoblauch, M. et al. 1998).

Des Weiteren konnte erforscht werden, dass eine Korrelation zwischen dem Durchmesser des Forisoms und der Siebelemente besteht. Somit wäre das Forisom in der Lage, das Siebelement vollständig zu verstopfen (Thorpe, M. et al. 2010). Jedoch veranschaulichten Knoblauch, M. et al. (2006), dass der Querschnitt der dispergierten Forisome für eine vollständige Verstopfung der Siebelemente nicht ausreicht.
Zwar konnte in der vorliegenden Arbeit ein Stopp des Massenstroms nach Applikation eines bakteriellen Elicitors (flg22) gezeigt werden, jedoch ist es nicht möglich Aussagen über die Qualität des Verschlusses treffen zu können. Es lässt sich jedoch klar sagen, dass die durch flg22 ausgelöste Dispersion der Forisome zu einem Verschluss der Siebelemente führt und somit zu einem Stopp des Massenstroms.

Während der experimentellen Phase mit flg22 zeigte sich jedoch auch, dass nicht alle Forisome reagiert haben, möglicherweise standen manche Versuchspflanzen bedingt durch den Schnitt ins Phloem unter Stress. Ebenso variierten die Zeitpunkte der Regenerationszeit nach dem Schnitt, wodurch einige Pflanzen vermutlich noch keine vollständige Funktionsfähigkeit der Forisome gewährleisten konnten. Ein Beweis hierfür wäre, dass einige dieser Pflanzen nach der flg22-Applikation auch nicht auf einen Brennreiz reagierten. Da dieser jedoch einen extrem starken Reiz darstellt, worauf ein Großteil der Forisome reagieren sollte (Furch, A. C. U. et al. 2007), liegt die Vermutung nahe, dass es sich hierbei bereits um gestresste Pflanzen gehandelt hat.

Weiterhin führte die flg22-Applikation bei manchen Versuchspflanzen nicht zu einer Dispersion, sondern nur zu einer Lageänderung im Siebelement (SE). Die Hypothese dieser Ergebnisse könnte lauten, dass auch bei diesen Pflanzen die Funktionsfähigkeit der Forisome noch nicht vollständig gegeben war. Gleichzeitig könnte der Reizauslöser flg22, durch zurückgebliebenen Puffer, zu gering konzentriert gewesen sein, sodass die Forisome nicht dispergiert, sondern nur mit einer Lageänderung auf den Reiz reagiert haben.
Zudem zeigten einige rekondensierte Forisome eine Änderung ihrer Lage nach der Dispersion. In Abb. 9 rekondensierte das Forisom in Richtung „zentraler Position“ und bildete einen Kontakt zur Siebplatte. Jedoch hatte das Forisom vor der Dispersion noch keinen Kontakt zur Siebplatte, sondern nur zur Plasmamembran, und lag schräger im Siebelement. In zwei weiteren Beobachtungen zeigte sich auch bei anderen Forisomen eine ähnliche Lageänderung. Ein Grund dafür könnte sein, dass die Forisome nach einer Dispersion den Kontakt zur Plasmamembran nicht mehr halten können und eher zentral im Siebelement positioniert werden.

Bei der genauen Analyse der Lage der untersuchten Foriome zeigt sich, dass der Großteil (75 %) der Forisome in „basipetaler Position“ im Siebelement (SE) liegt. Die Untersuchung von Kontaktmöglichkeiten von Forisomen in „basipetaler Position“ zeigte, dass die Mehrheit der Forisome einen Kontakt zur Siebplatte (SP) oder zur Siebplatte und zur Plasmamembran hatte. Nur etwa 13 % der Forisome hatten eine „zentrale Position“ im Siebelement. In „akropetaler Position“ konnten ca. 11 % der Forisome im Siebelement nachgewiesen werden. Die Forisome in „zentraler Position“ lagen bis zu 90 % frei im Siebelement und hatten somit keinen Kontakt zur Plasmamembran oder Siebplatte. Die Kontaktarten an Siebplatte und Plasmamembran bei „akropetaler Position“ weisen sehr ähnliche Kontakte wie die Forisome in „basipetaler Position“ auf. Diese Ergebnisse beweisen, dass die meisten Forisome in „basipetaler Position“ im Siebelement vorliegen und Kontakte zur Siebplatte und zur Plasmamembran haben, wodurch sie eine hohe Reaktivität aufweisen (Furch, A. C. U. et al. 2009).
Um diese Hypothese zu stützen, wurde nach der Analyse der Lage und der Position der Forisome im Siebelement (SE) gezeigt, wie die Forisome in ihren unterschiedlichen Positionen auf flg22 reagieren.
Die Ergebnisse verdeutlichen, dass vor allem Forisome in „basipetaler Position“ dispergierten. Die Dispersion der Forisome stellte sich etwa 4 Minuten nach Reizapplikation ein. Nach der Dispersion dauerte es im Durchschnitt etwa 24 Minuten, bis eine Rekondensation stattfand. Durch diese Ergebnisse kann vermutet werden, dass die Reaktionen der Forisome abhängig von ihrer Lage im Siebelement sind, wodurch auch hier frühere, an abiotischen Reizen getesteten Phloemreaktionen (Furch, A. C. U. et al. 2009), durch Applikation biotischer Reize gestützt werden können. Die Mehrheit der Forisome, die einen Kontakt mit Plasmamembran und der Siebplatte hatten, reagierte auf einen Reiz. Daher kann die Hypothese aufgestellt werden, dass es einen Zusammenhang zwischen der Kontaktmöglichkeit der Forisome im Siebelement und der Dispersion gibt. Ein möglicher Grund dafür könnte sein, dass durch einen Reiz vor allem Ca^{2+} in der Nähe der Siebplatte freigesetzt wird. Durch diesen Mechanismus entstehen hohe Ca^{2+}-Konzentrationen an der Siebplatte. Da eine Dispersion durch Ca^{2+} im Siebelement gesteuert wird, werden vor allem die Forisome mit einem Kontakt zur Siebplatte dispergiert (Furch, A. C. U. et al, 2009). Ebenfalls befinden sich einige Ca^{2+}-Kanäle in der Plasmamembran, wodurch auch Forisome mit einem Kontakt zur Plasmamembran eher dispergieren können als zentral positionierte Forisome (Hafke, J. B. et al, 2009).
Die Untersuchungen zeigen, dass Forisome keine statischen, einheitlichen und zufällig dispergierenden Proteine sind, sondern ihre Lage und ihre Position an Ca^{2+}-„Hot Spots“ im Siebelement entscheidend für ihre Dispersion auf einen bakteriellen Reiz sind.

Der Verschluss der Siebelemente durch Forisome ist wahrscheinlich ein durch die Pflanze selbst gesteuerter Mechanismus und keine spontan ablaufende Reaktion. Hierbei verändern sich physiologische Prozesse in der Pflanze durch einen Pathogenbefall, der zu einer Veränderung der Ca^{2+}-Konzentration führt, wodurch eine Dispersion der Forisome entsteht. Somit ist, zu mindestens innerhalb der Siebelemente, Ca^{2+} der Auslöser der Signalkette in der Pflanze. Ebenfalls bildet sich durch den Auslöser Ca^{2+} Callose an den Siebplatten. Durch dieses zweiphasige System entsteht der Verschluss der Siebelemente (SEO) – ein möglicher weiterer Signalauslöser für die Pflanze. Der Verschluss führt weiterhin zu einer kurzfristigen Beeinträchtigung des Transports von Nährstoffen und Assimilaten. Die Beeinträchtigung könnte ein Auslöser für PR-Proteine oder Phytoalexine sein. Beide Möglichkeiten werden durch die Pathogenaktivität ausgelöst. Die Phytoalexine werden zum Beispiel durch Verletzungen und Stressfaktoren aktiviert. Dieses Modell soll verdeutlichen, dass der Verschluss der Siebelemente ein primärer Auslöser für weitere Schutzmechanismen sein könnte.

Durch die Ergebnisse der flg22-Applikation kann vermutet werden, dass die reversible Forisomreaktion ein Signal der Pattern-Triggered-Immunity (PTI) sein könnte (Abb. 22). Diese Hypothese beruht darauf, dass die Forisome auf Phytopathogene reagieren und zu einem Stopp des Massenstroms führen. Dieser Verschluss stellt in der Pflanze einen Schutzmechanismus dar, um möglicherweise ein Verlust an Photoassimilaten und weiteren Schaden durch das Pathogen zu unterbinden. Zudem kann vermutet werden, dass der Verschluss der Siebelemente eine Signalwirkung ausbildet, um sich möglicherweise auf einen größeren Befall einzustellen.

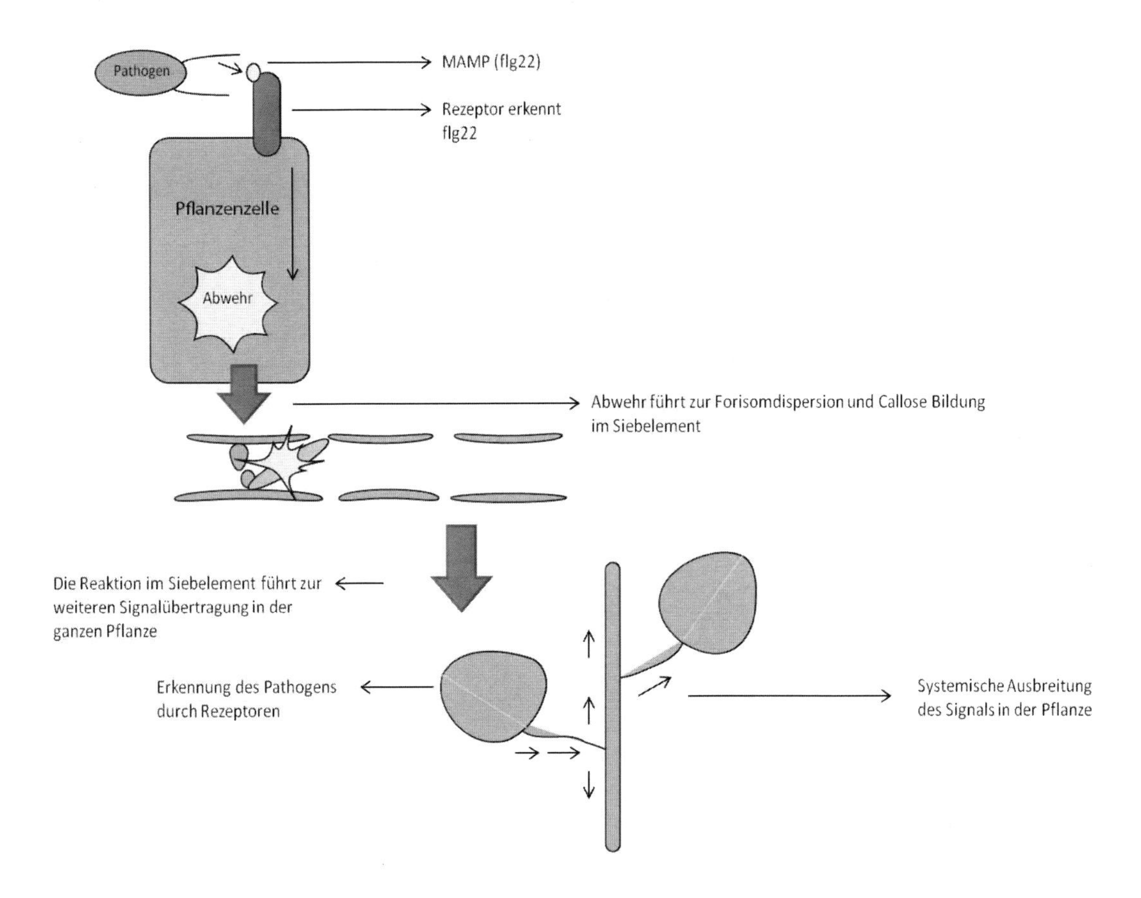

Abb. 22: Darstellung der möglichen Wirkungsweise von Forisomenreaktionen

Die Darstellung zeigt eine Möglichkeit der weiteren Signalübertragung nach einem Siebelementverschluss nach Pathogenbefall. Durch die Erkennung von flg22 durch Rezeptoren wird in der Pflanze ein Schutzmechanismus aktiviert, der über verschiedene (noch unbekannte) Signalkaskaden die Dispersion des Forisoms hervorruft. Danach bildet sich Callose an der Siebplatte. Durch diesen Verschluss findet lokal eine Akkumulation verschiedener Stoffe statt. Nach Öffnung der Siebelemente könnten diese Stoffe als Signalstoffe dienen und sich die Information, des Befalls, systemisch in der Pflanze ausbreiten. Angesichts dieses Prozesses kann vermutet werden, dass weitere Abwehrmechanismen aktiviert werden.

Um jedoch genauere Aussagen über das komplexe Zusammenspiel von Phloemreaktion und PTI treffen zu können sind noch weiter Untersuchungen und Wiederholungen nötig.

Ein Schritt in diese Richtung sollte die Verwendung von glc8, als pilzlicher Elicitor sein. Es

sollte untersucht werden, ob der durch Flagellin ausgelöste Siebelementverschluss auch durch andere MAMPs induziert werden kann. Dies könnte dann eine Aussage über generelle Reaktionen des Phloems auf mikrobielle Angreifer ermöglichen.
Doch zeigten die Ergebnisse bei Konzentrationen von 0,1 μM und 1 μM glc8 keine Reaktion, Lageänderung oder Dispersion der Forisome. Somit konnten die Erkenntnisse von Gaupels, F. et al. (2008) nicht bestätigt werden. Gaupels, F. et al. elaborierten, dass Chitin ein Elicitor für die Produktion von Stickoxiden (NO) ist. Die höheren Pflanzen bilden nur NO, wenn sie unter Stress wie zum Beispiel durch H_2O_2 oder Chitin stehen. Diese NO-Produktion wiederum löst dann eine Forisomreaktion (SEO) aus und führt zu einem Stopp des Massenstroms.
Zwar können die Ergebnisse der vorliegenden Arbeit diese Resultate nicht stützen, doch könnte ein Grund hierfür die zu niedrige Konzentration des Chitins sein, wodurch kein Reiz ausgelöst wurde.

Im Umkehrschluss sollte unter Verwendung verschiedener Pflanzenspezies untersucht werden, ob ein Siebelementverschluss eine generelle Reaktion des Phloems auf einen Befall darstellt. Hierzu wurde neben einem Vertreter der *Fabaceae,* ein Vertreter der Familie der *Cucurbitaceae* verwendet werden.
Die Experimente an *Cucurbita maxima* sollten klären, ob die Proteine PP1 und PP2 am Verschluss der Siebelemente nach MAMP-Applikation beteiligt sind. Somit sollte bewiesen werden, dass nicht nur in *Vicia faba* Proteine existieren, die bei einem Reiz zu einem Stopp des Massenstroms führen, sondern auch in *Cucurbita maxima* eine Reaktion auf flg22 als Reizauslöser entsteht.
Die Ergebnisse deuten darauf hin, dass die Proteine PP1 und PP2 auf flg22 reagiert haben. Für diese Annahme spricht die starke Abnahme der Quantität dieser Proteine nach flg22-Infiltration.
Die Erkenntnisse der flg22-Infiltration an *Cucurbita maxima* lassen vermuten, dass die Proteine PP1/PP2 durch den Reiz agglutiniert sind. Das bedeutet, dass weniger wasserlösliches Protein im Phloemsaft enthalten ist. Die Agglutination dient anscheinend der Verstopfung der Siebplatte und somit zum Verschluss der Siebelemente (Furch, A. C. U. et al. 2010). Diese Hypothese stützt sich darauf, dass die Quantität der Proteine PP1 und PP2 durch die flg22-Infiltration abgenommen hat. Der Vergleich zur Kontrollprobe (Referenzlane) zeigt eine deutliche Reduzierung der wasserlöslichen Proteinkonzentration von PP1 und PP2.
Die Proben der gereizten Pflanze zeigen nach 10 Minuten eine Reduzierung der Proteinquantität von PP1/PP2. Es ist denkbar, dass sich innerhalb der ersten Minuten nach flg22-

Infiltration eine Agglutination der Proteine einstellt. Somit kann konstatiert werden, dass die Proteine PP1 und PP2 schnell auf die Reizapplikation reagieren.
Die 4-Stunden-Probe zeigt schließlich erneut einen starken Rückgang der Proteine PP1 und PP2 im Phloem. Diese plötzliche Reduzierung der Proteinquantität könnte durch eine weitere starke Agglutination entstanden sein. Das würde bedeuten, dass sich im Phloemsaft wieder mehr wasserlösliche Proteine angesammelt haben. Die Ansammlung der Proteine müsste daher zwischen der 1- und 3-Stunden-Probe stattgefunden haben. Die angesammelten Proteine wurden nach 4 Stunden wieder stark agglutiniert. Daher kann vermutet werden, dass es eine starke Agglutination direkt nach der Reizapplikation gibt und eine weitere starke Agglutination nach vier Stunden. Somit ist es denkbar, dass sich ein biphasischer Verschluss der Siebelemente nach flg22 Applikation eingestellt hat.
Vergleicht man diese Ergebnisse mit den Studien von Furch, A. C. U. et al. (2010) zeigt sich, dass auch hier die wasserlöslichen Proteinkonzentrationen von PP1 und PP2 abgenommen haben. Jedoch wurde bei diesen Studien nicht flg22 infiltriert, sondern die Reaktion von *Cucurbita maxima* auf einen Brennreiz beobachtet. Die Ergebnisse mit flg22-Infiltration decken sich daher mit den Erkenntnissen von Furch, A. C. U. et al. (2010).

Insgesamt konnte veranschaulicht werden, dass neben *Vicia faba* auch das Phloem von *Cucurbita maxima* auf einen bakteriellen Reiz reagiert.

9 Literaturverzeichnis

Blume, B., Nürnberger, T., Scheel, D., Naas, N. (2000). ***Receptor-mediated increase in cytoplasmic free calcium required for activation of pathogen defense in parsley.*** Plant cell, 12, 110–112.

Boller, T., Georg, F. (2009). ***A Renaissance of Elicitors: Perseption of microbe-associated-molecular-patterns and danger signals by pattern-recognition receptors.*** Annual Revue Plant Biology, 60, 379–400.

Buchanan, B., Gruissem, W., Russel, J. (2000). ***Biochemistry and molecular biology of plants.*** American Society of Plant Physiologists, 739–1104.

Dannenhoffer, J. M., Schulz, A., Skaggs, M. I., Bostwick, D. E., Thompson, G. A. (1997). ***Expression of the phloem lectin is developmentally linked to vascular differentiation in cucurbits.*** Planta, 201, 405–414.

Drachotham, T., Lu, W., Huang, P., Ogasawara, M. A., Valle, N. R. D. (2008). ***Redox Regulation of Cell Survival.*** Antioxidants & Redox signalling, 10, 1343–1365.

Furch, A. C. U., Hafke, J. B., Schulz, A., van Bel, A. J. E. (2007). ***Ca^{2+}-mediated remote control of reversible sieve tube occlusion in Vicia faba.*** Journal of Experimental Botany, 58, 2827–2837.

Furch, A. C. U., van Bel, A. J. B., Fricker, M. D., Felle, H. H., Fuchs, M., Hafke, J. B. (2009). ***Sieve element Ca^{2+} channels as relay stations between remote stimuli and sieve tube occlusion in Vicia faba.*** Plant Cell, 21, 2118–2132.

Furch, A. C. U., Zimmermann, M. R., Will, T., van Bel, A. J. E., Hafke, J. B. (2010). ***Remote-controlled stop of phloem mass flow by biphasic occlusion in Cucurbita maxima.*** Journal of Experimental Botany, 61, 3697–3708.

Gomez-Gomez, L., Zsuzsa, B., Boller, T. (2001). ***Both the Extracellular Leucine-Rich Repeat Domain and the Kinase Activity of FLS2 acre Required for Flagellin Binding and Signaling in Arabidopsis.*** Plant, Cell and Environment, 13, 1155–1164.

Hafke, J. B., Furch, A. C. U., Fricker, M. D., van Bel, A. J. E. (2009) ***Forisome dispersion in Vicia faba is triggered by Ca^{2+} hotspots created by concerted action of diverse Ca^{2+} channels in sieve elements.*** Plant Signaling & Behavior, 10, 1-5.

Hafke, J. B., Kelling, F., Furch, A. C. U., Gaupels, F., van Bel, A. J. E., van Amerong, J. (2005). ***Thermodynamic Batlle for Photosynthate acquisition between sieve tubes an adjoining parenchyma in transport phloem.*** Plant Physiology, 138, 1527–1537.

Hafke, J. B., Knoblauch, M., van Bel, A. J. E., Furch, A. C. U., Patrick, J. (2011). ***Phloem biology: Mass flow, molecular hopping, distribution patterns and macromolecular signalling.*** Plant Science, 4, 220–227.

Hallmann, J., von Tiedermann, A., Quadt Hallmann, A. (2007). ***Grundwissen Bachelor Phytomedizin.*** Eugen Ulmer KG, 12–15; 186–201.

Knoblauch, M., Noll, G. A., Müller, T., Prüfer, D., Schneider-Hüther, I., Scharner, D., van Bel, A. J. E., Peters, W.S. (2003). ***ATP-independent mechano-proteins that exert force in contraction and expansion.*** Nature Materials, 20, 600-603.

Knoblauch, M., van Bel, A. J. E. (1998). ***Sieve tubes in action.*** The Plant Cell, 10, 35–50.

Knoblauch, M., Stubenrauch, M., van Bel, A. J. E., Peters, W. S. (2012). ***Forisome performance in artificial sieve tubes.*** Plant, Cell and Environment, 35, 1419–1420.

Nürnberger, T., Brunner, F. (2002). ***Innate immunity in plants and animals: emerging parallels between the recognition of general and PAMPs.*** Current Opinion in Plant Biology, 5, 1–5.

Pélissier, H. C., Peters, W. S., Collier, R., van Bel, A. J. E., Knoblauch, M. (2008). ***GFP tagging of sieve element occlusion (SEO) proteins results in green fluorescent forisomes.*** Plant, Cell and Environment, 19, 1699–1710.

Peters, W. S., Knoblauch, M., Warmann, S. A., Schnetter, R., Shen, A. Q., Pickard, W. E. (2007). ***Tailed forisomes of Canavalia gladiata: A new model of study Ca^{2+} -driven protein contactility.*** Oxford Journals, 100, 101–109.

Peters, W. S., van Bel, A. J. E., Knoblauch, M. (2006). ***The geometry of the forisome-sieve-element-sieve plate complex in the phloem of Vicia faba L. leaflets.*** Journal of Experimental Botany, 57, 3091–3098.

Pieterse, C. M. J., Leon-Reyes, A., Van der Ent, S., Van Wees, S. C. M. (2009). ***Networking by small-molecule hormones in plant immunity.*** Nature Chemical Biology Review, 5, 308–315.

Sabnis, D. D., Hart, J. W. (1976). ***A comparative analysis of phloem exudate proteins from Cucumis melo, Cucumis sativus and Cucurbita maxima by polyacrylamide gel electrophoresis and isoelectric focusing.*** Planta, 130, 211-218.

Schubert, S. (2006). ***Grundwissen Bachelor Pflanzenernährung.*** Eugen Ulmer KG, 58–70.

Schwessinger, B., Zipfel, C. (2008). ***News from the frontline: recent insights into PAMP-triggered immunity in plants.*** Current Opinion in Plant Biology, 11, 389–395

Shen, A. Q., Knoblauch, M., Hamlington, B., Peters, W. S., Pickard, W. (2005). ***Forisome based biomimetic smart material.*** Proceedings of SPIE, doi: 10.1117/ 12.606602, 495–504.

Thorpe, M. R., Furch, A. C. U., Minchin, P. E. H., Füller, J., van Bel, A. J. E., Hafke, J. B. (2009). ***Rapid cooling triggers forisome dispersion just before phloem transport stops.*** Plant, Cell and Environment, 33, 259–271.

van Bel, A. J. E., Gaupels, F. (2004). ***Pathogen-induced resistance and alarm signals in the phloem.*** Molecular Plant Pathology, 181, 325–330.

van Bel, A. J. E., Hess, P. (2003). ***Kollektiver Kraftakt zweier Exzentriker: Phloemtransport.*** Biologie in unserer Zeit, 4, 365–388.

Wergin, W. P., Newcomb, E. H. (1970). ***Formation and dispersal of crystalline P-protein in sieve elements of soybean (Glycine max L.)***. Protoplama, 71, 365–388.

Ruiz-Medrano, R., Xoconostle-Cázares B., Lucas W. J. (2001). ***The phloem as a conduit for inter-organ communication.*** Current Opinion in Plant Biology, 4, 202-209.

Zimmermann, M. R., Hafke, J. B., van Bel, A. J. E., Furch, A. C. U. (2012). ***Interaction of Xylem and phloem during excudation and wound occlusion in Cucurbita maxima.*** Plant, Cell and Environment, DOI: 10.1111/j.1365-3040.2012.02571

10 Danksagung

Die vorliegende Bachelor-Thesis möchte ich meinen Eltern widmen. Sie haben mich nicht nur finanziell, sondern haben mich während des ganzen Studiums vor allem moralisch unterstützt. Weiterhin möchte ich mich bei meiner Freundin bedanken. Danke für eure tatkräftige Unterstützung, Engagement und Hilfsbereitschaft.

Ein weiterer Dank geht auch an das Institut für Phytopathologie und angewandte Zoologie für die Hilfsbereitschaft bei der Durchführung meiner Versuche.